集成电路科学与工程系列教材

微电子工艺实验教程

主　编　王　珏

副主编　姚　健　刘　立　杨　旸

电子工业出版社

Publishing House of Electronics Industry

北京·BEIJING

内 容 简 介

本书是根据微电子工艺实验的基本教学要求编写的，秉持"理论与实践并重"的理念，在内容安排上注重对学生实验技能的培养。全书精心设计了 12 个实验，包括 1 个工艺仿真基础实验、6 个单步工艺实验和 5 个成套工艺实验。每个实验均配有详细的操作指导，还安排了启发性思考题和拓展实验内容，便于开展分层教学，各校可根据自己的需求选做。

本书可作为高等院校微电子科学与工程、集成电路设计与集成系统、电子信息工程等专业的实验教材，也可作为集成电路制造工艺领域工程技术人员的参考用书。

图书在版编目（CIP）数据

微电子工艺实验教程 / 王珏主编. -- 北京 ：电子

工业出版社，2025. 7. -- ISBN 978-7-121-50690-1

Ⅰ. TN4-33

中国国家版本馆 CIP 数据核字第 2025SG1731 号

责任编辑：凌　毅

印　　刷：中国电影出版社印刷厂

装　　订：中国电影出版社印刷厂

出版发行：电子工业出版社

　　　　　北京市海淀区万寿路 173 信箱　邮编　100036

开　　本：787×1 092　1/16　印张：10.75　字数：275 千字

版　　次：2025 年 7 月第 1 版

印　　次：2025 年 7 月第 1 次印刷

定　　价：45.00 元

凡所购买电子工业出版社图书有缺损问题，请向购买书店调换。若书店售缺，请与本社发行部联系，联系及邮购电话：（010）88254888，88258888。

质量投诉请发邮件至 zlts@phei.com.cn，盗版侵权举报请发邮件至 dbqq@phei.com.cn。

本书咨询联系方式：（010）88254528，lingyi@phei.com.cn。

前　言

半导体技术的发展是电子产品行业发展的基础，其制造工艺和材料的发展促进了电路集成度的提高，特别是在微型芯片的关键元件制造方面，许多新技术不断涌现，将低功耗、新型半导体材料、新的制造技术以及更薄的绝缘衬底等技术融合在一起，从而使芯片运行速度更高、面积更小、成本更低。

本教材是微电子工艺实验的配套教材。传统的微电子制造工艺实验需要有超净间和各种半导体工艺设备，在投入巨大的同时，实验效果并不理想，因此，普通高校一般不开设微电子工艺实验课程。学生对于微电子工艺只限于理论知识，没有相应的实践训练，教学效果不理想。为了摆脱学校提供给学生微电子工艺实践的硬件环境有限、学生的实践能力与产业岗位的需求脱节的困境，教材采用"虚实联动"的实验设计思路，采用虚拟仿真的手段，结合产线的真实数据，培养学生的实验技能和创新思维能力。

本教材针对现代集成电路工艺的主流步骤，提供各类典型工艺的仿真数据和模型结果，通过直观的模型对比、数据对比、色阶图等内容的分析，让学生更好地理解微电子工艺流程，了解相关参数对工艺特性的影响。本教材设计了 12 个实验。实验 1 从工艺仿真的基本知识和技能入手，介绍工艺仿真的实验基础。实验 2 到实验 7 为微电子单步工艺实验，涵盖了光刻与刻蚀、氧化、离子注入、扩散和退火、薄膜淀积和外延生长以及金属化后道工艺，让学生进行单步工艺的设计和仿真，以验证性实验和研究设计实验的形式，掌握各单步工艺的特点、应用场景和各工艺参数的设置与作用。实验 8 到实验 12 让学生以开放性设计实验的形式，完成几个半导体器件的成套工艺设计，包括电阻、二极管、JFET 和 MESFET、BJT 以及 MOSFET，并验证其特性。本教材通过分梯度设计实验内容和循序渐进的教学模式，锻炼学生的自主实验设计能力和创新思维。

本教材由王珏担任主编，负责内容组织及统稿工作。姚健设计实验环节并提供各个实验的数据，刘立编写微电子单步工艺实验，王珏编写半导体器件成套工艺实验，杨旸审核全书并进行了认真的修改工作，研究生屠云凡、叶磊进行了部分图片的绘制工作。本教材用到的实验设备由紫光教育科技有限公司提供，在此表示感谢。

由于编者水平有限，书中难免存在疏漏与不妥之处，在此恳请使用本教材的老师和同学不吝批评指正，并提出宝贵的改进建议。

王　珏
2025 年 6 月于杭州

目　录

绪　　论

芯片制造被称为"人类有史以来最复杂的工艺"，每个环节都需要掌握大量的理论知识和实践技能，只有多个岗位协同合作，才能完成岗位职责。芯片制造工艺和材料的发展促进了电路集成度的提高，将新型半导体材料、新制造技术以及更薄的绝缘衬底等融合在一起，可使芯片运行速度更快、面积更小、成本更低。集成电路产业包括芯片设计、材料、仪器、工艺、封装等五大领域（见图0.1），不同领域的技术各有特点。

芯片设计	材料	仪器	工艺	封装
EDA公司如 Synopsys、 Cadence、 Mentor Graphics	光刻胶 大尺寸晶圆 高纯度金属材料 ……	高端光刻机 高精度刻蚀设备 镀膜设备 ……	高精度 可重复 高产率 ……	固晶机 球焊机、焊线机 切片机、磨片机

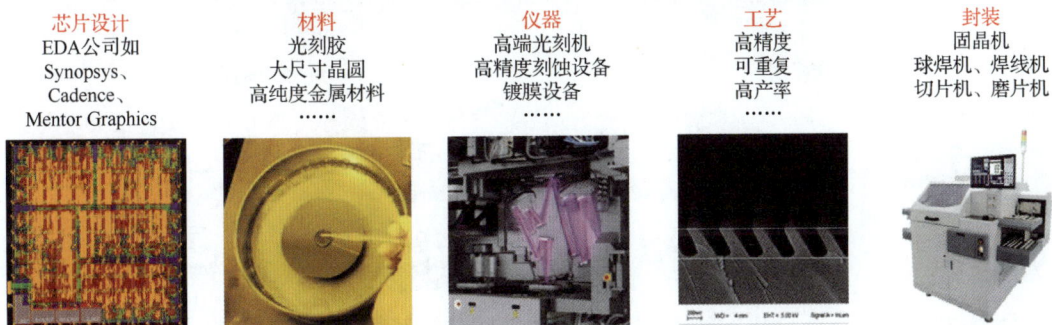

图 0.1　集成电路产业的五大领域

实验教学在集成电路的人才培养中扮演着至关重要的角色。它不仅为学生提供了将理论知识应用于实践的机会，而且通过动手操作，学生能够更深刻地理解复杂的集成电路设计原理和制造流程，从半导体材料的制备到芯片的制作，直观地认识到微电子器件的制造过程，使抽象的理论知识变得具体可感，对培养学生的创新思维和解决实际问题的能力至关重要。因此，开设微电子工艺实验课程尤为迫切。

传统高校开设微电子工艺实验课使用集成电路实体线，但微电子工艺实验室需要有半导体超净间和各种半导体工艺设备（见图0.2），硬件条件需耗资上亿元，因此存在不少问题：

① 高校采购的设备与产线有相当大的距离，学生学到的东西很难应用到产线上；

② 由于仪器设备成本高、占用空间大，设备数量有限，学生无法做到人手一台；

③ 新手操作容易损坏昂贵的仪器设备，造成后期的维护和耗材费用显著提升；

④ 实物实训具有很大的危险性，实验通常需要很长的时间进行调试，这使得人员与设备的安全性较难保障；

⑤ 半导体超净间同时要用于教学和科研用途，在科研任务繁重的情况下，很难全负荷将昂贵设备用于教学。

成功制作一个半导体器件需要丰富的设计经验和设备操作经验，二者无法在课堂教授的学时内获得，因此传统高校的微电子工艺实验课通常只包含单步工艺实验和二极管制作工艺实验。为提高流片的成功率，教师会提供详细的工艺步骤和工艺参数，学生按部就班地进行实验操作，无法深入理解实验的科学意义，得不到足够的创新思维训练，教学效果不理想。

感应耦合等离子体　　深反应等离子体刻蚀机　　等离子清洗机　　感应耦合等离子体反应机
反应机（无机材料）

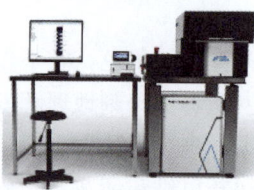

氦离子显微镜　　双光子三维光刻机　　双面对准光刻机　　电子束曝光机

图 0.2　半导体超净间实景图和半导体工艺设备

综上所述，采用传统高校集成电路实体线开设微电子工艺实验课存在费用昂贵、教学效果不理想等问题。因此，为了摆脱学校提供给学生微电子工艺实践的硬件环境有限、学生的实践能力与产业岗位的需求脱节的困境，本教材采用了"虚实联动"的实验设计思路，运用虚拟仿真的手段，让学生可以真正使用产线上的昂贵设备。实验设备（见图 0.3）嵌入了商用仿真器芯片，具有较强的算力，可以实时调节参数进行仿真。数据和场景来自工业界，最大程度上与产业界接轨，对微电子工艺的实验教学有很大的促进和启发。

每套实验设备包含一台多功能实验基础平台和一台实验用半导体参数分析仪。多功能实验基础平台是实验主控平台，主要完成各类实验的设计，同时也是所有实验功能硬件板卡的基台载体。实验用半导体参数分析仪是实验测量平台和实验结果展示平台，同时也是各测试硬件板卡的承载基台，以及实验软件的承载基台。

本教材针对现代集成电路工艺的主流步骤，提供各类典型工艺的仿真数据和模型结果，通过直观的模型对比、数据对比、色阶图等内容的分析，让学生更好地理解微电子工艺流程，了解相关参数对工艺特性的影响。本教材设计了 12 个实验，对应微电子工艺课程的理论部分。首先从工艺仿真的基本知识和技能入手，让学生进行单步工艺的设计和仿真，以验证性实验和研究设计实验的形式，掌握各单步工艺的特点、应用场景和各工艺参数的设置与作用；在后半部分让学生以开放性设计实验的形式，完成几个半导体器件的成套工艺设计，并验证其特性。通过分梯度设计实验内容和循序渐进的教学模式，锻炼学生的自主实验设计能力和创新思维。

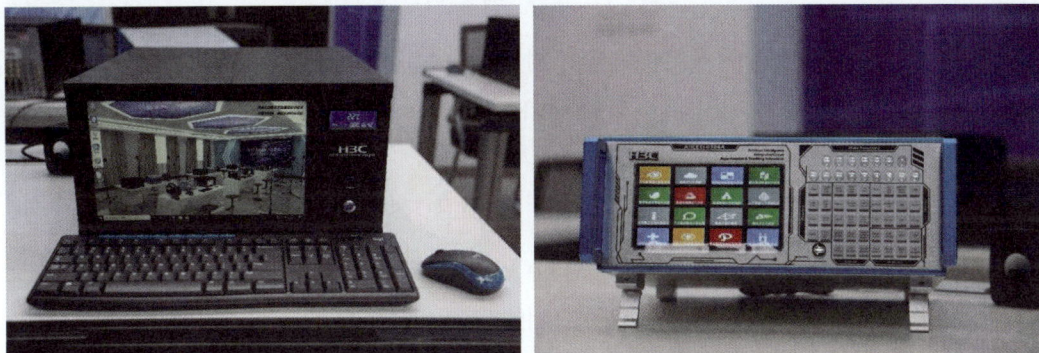

图 0.3　本教材所用到的实验设备

实验 1 工艺仿真实验基础及衬底特性分析

1.1 实验目的

通过本实验，掌握工艺仿真网格划分和网格稠密度原理与设置方法；掌握集成电路晶圆衬底的参数和设置方法；掌握单步工艺流程和设置方法；掌握工艺仿真常用功能的使用方法；理解不同衬底晶圆的晶向对生成氧化层厚度的影响。

1.2 工艺仿真的原理

工艺仿真软件依托一系列物理模型和方程，为集成电路制造工艺的开发与优化提供了强有力的支持。此类软件能够实现对所有关键制造步骤，包括离子注入、扩散、刻蚀、淀积、光刻及氧化等环节的快速且精确的模拟。在此基础上，还能够精确预测器件结构中的几何参数、掺杂剂量分布及应力状态等关键指标，进而优化设计参数，力求在器件开关速度、击穿电压、泄漏电流及可靠性之间达到最优的平衡点。采用仿真模拟，替代了传统的耗资巨大的硅片实验，从而大幅缩短了工艺开发的周期，并显著提升了成品的良率。

仿真的精确度取决于所选取的物理模型，因此通常需要求解一套描述复杂的物理现象和过程的偏微分方程组。然而，在大多数情况下，这些偏微分方程组很难甚至无法通过解析方法得到精确解，这时就需要借助数值计算方法来求解。数值计算首先将连续性问题离散化，把偏微分方程组转化为一组线性方程，然后通过迭代等方法求解这些线性方程，从而得到近似数值解。

工艺仿真软件通常使用有限元法来求解，将半导体仿真区域划分成网格，在网格点处假设一个简单的函数形式，然后通过变分原理或加权余量法将偏微分方程组转化为一组线性方程。网格划分与计算的精确性、计算速度和收敛性直接相关，对仿真至关重要。精细的网格能得到较精确的结果，但相应地会增加计算时间，也可能导致不收敛。数值计算必须综合考虑精确性、计算速度和收敛性。精确性与网格密度、计算步长的疏密、算法和物理模型的选择等有关。计算速度由网格密度、计算步长的疏密及算法等决定。收敛性和计算步长的疏密、初始值及算法有关。仿真计算时，参数设置上需要在精确性、计算速度和收敛性之间折中。

1.3 实验内容

本实验是后续实验的基础，需要仔细学习和掌握。工艺仿真的作用是分析工艺参数（如氧化温度、氧化时间等氧化参数）对工艺输出特性（如掺杂浓度、电势分布）的影响，具体可以分为以下步骤。

1.3.1 对二维结构进行网格划分和稠密度设置

工艺仿真首先需要对待分析晶圆进行网格划分，然后工艺仿真器会根据网格划分的结果进行有限元分析。网格划分直接决定仿真结果的好坏。网格越密，则分析精度越高，但分析速度就会越慢。相反，如果网格过于稀疏，虽然分析速度会变快，但分析精度就会变低，甚至会出现无法求解的情况。

1.3.2 对衬底进行设置

通常，微电子工艺都是从一块清洗好的衬底开始进行的。所以，对衬底进行设置也是所有微电子工艺实验的基础操作。设置的衬底参数一般包括衬底材料、衬底初始掺杂杂质、衬底初始掺杂浓度、衬底晶向等。

1.3.3 分工艺类型进行仿真

衬底设置好后，工艺仿真的基础准备工作就完成了。接下来，所有的仿真分析都是以工艺类型进行的。在本实验中，可供分析的工艺类型包括氧化、淀积、光刻、刻蚀、离子注入、退火、扩散、外延。

对于每一种工艺类型，都有针对这一类型的输入参数需要设置，比如针对氧化类型，需要设置氧化条件、氧化时间和氧化温度等。

1.3.4 调用工艺仿真器完成仿真并查看结果

当某一单步工艺的输入参数设置好后，就可以调用工艺仿真器了。工艺仿真器根据网格划分情况以及当前晶圆情况和单步工艺的输入情况，通过有限元分析完成仿真，并将结果以二维色阶图的形式展示。

1.4 主要仪器设备

● 多功能实验基础平台（AIICETI-0304A）
● 实验用半导体参数分析仪（0112B-SCS）
● 基础数据通信板卡（LMS-1110）
● RF 射频连接线（RFL-1140）
● 源测试单元（SMU）板卡（SMU-2110）
● 半导体工艺仿真板卡（SSP-1220）
● HSLab 软件

1.5 操作方法与实验步骤

1.5.1 基础准备工作

（1）将多功能实验基础平台上的基础数据通信板卡和实验用半导体参数分析仪上的#1 源测试单元（SMU）板卡进行连接，如图 1.1 所示。

（2）启动多功能实验基础平台和实验用半导体参数分析仪。

（3）在实验用半导体参数分析仪上，打开 HSLab 软件，如图 1.2 所示。

（4）在多功能实验基础平台上，选择本实验课程：微电子工艺实验，如图 1.3 所示。

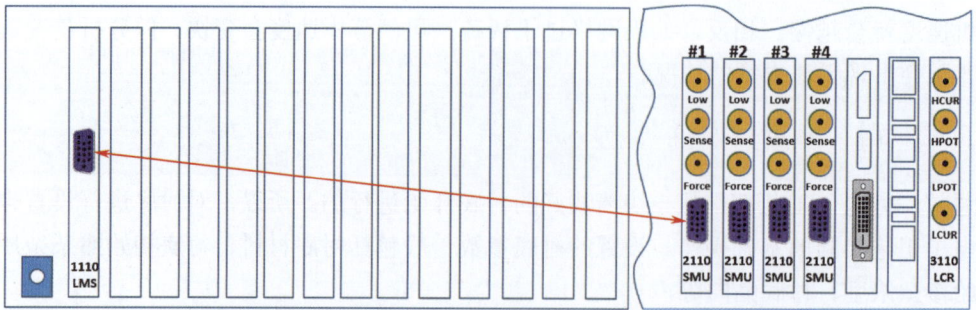

图 1.1　实验设备背面连接图

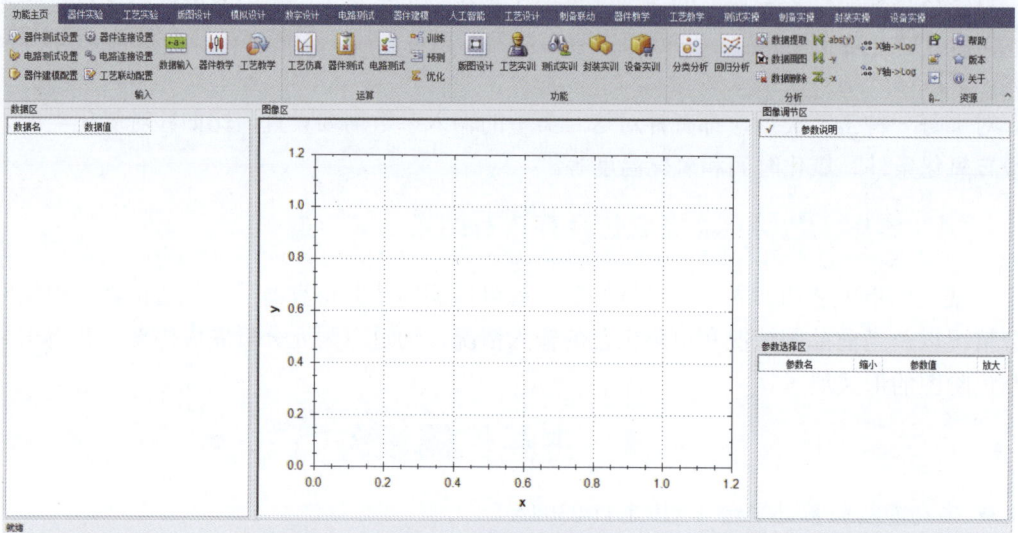

图 1.2　HSLab 软件界面

图 1.3　多功能实验基础平台界面

提示：单击 HSLab 软件中的"工艺实验"菜单，并单击入门视频，可对整体实验课程有一个基本的了解。

1.5.2 晶圆衬底准备

1. 按照提示完成晶圆衬底准备

（1）在多功能实验基础平台上对工艺仿真网格的 X 轴进行设置。如图 1.4 所示，x1、x2、…、xn 和 y1、y2、…、yn 代表 X 轴和 Y 轴要切割的网格坐标点值；step1、step2、…、stepn 代表每个网格坐标点的切割步长。单击红色的"请输入"提示词，然后输入具体数值，设置好后，单击"完成设置"按钮。

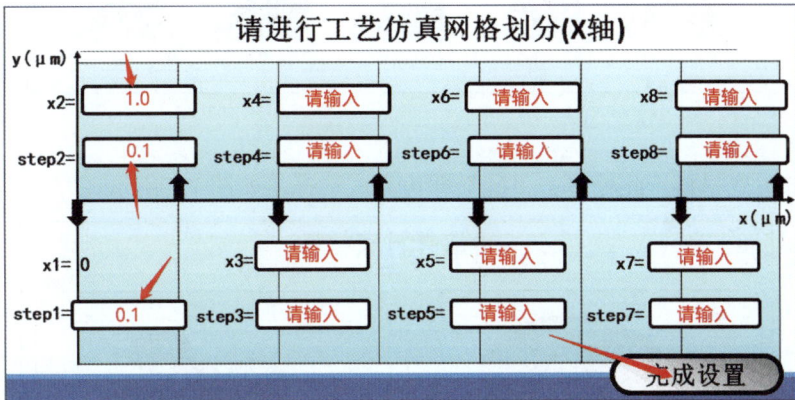

图 1.4　X 轴方向的网格设置

（2）对工艺仿真网格的 Y 轴进行设置，如图 1.5 所示。

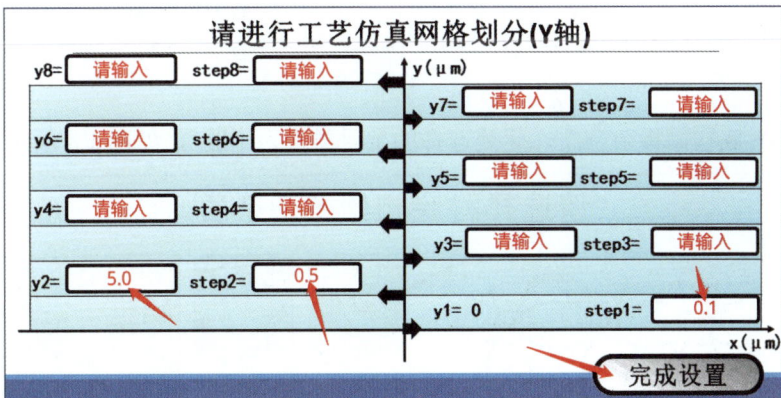

图 1.5　Y 轴方向的网格设置

注意事项：

① X 轴和 Y 轴各自均需至少填两个点的值。

② 点的值必须从小到大递增排列。

③ 步长（step）可不填，系统会根据临近 step 或网格坐标点值自适应补充。

④ 由于有限元仿真算法的需要，step 会自适应进行平滑处理，使得临近网格坐标点间距

的比值不大于 1.5。

（3）对工艺仿真网格的稠密度进行设置，单击"5 度"稠密度，就可以完成设置，如图 1.6 所示。

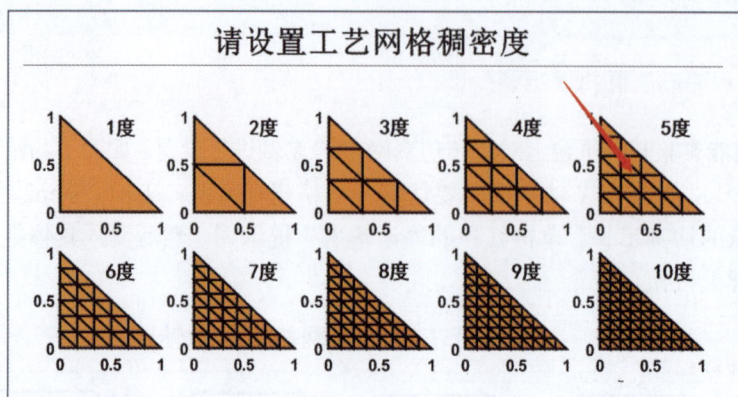

图 1.6　设置工艺网格稠密度

（4）选择衬底材料，此处单击"硅"即可完成选择，如图 1.7 所示。

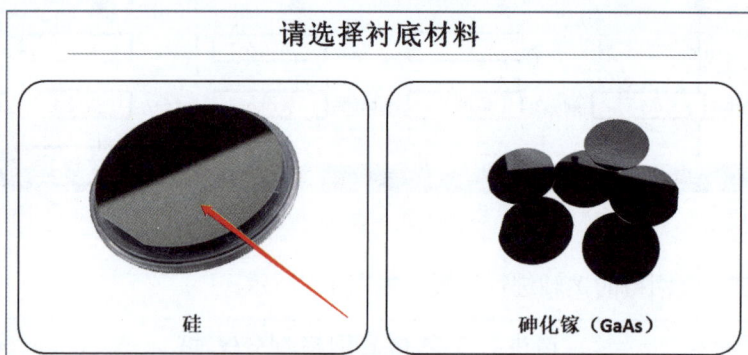

图 1.7　设置衬底材料

（5）选择衬底初始掺杂杂质，此处选择的杂质类型为"硼"，如图 1.8 所示。

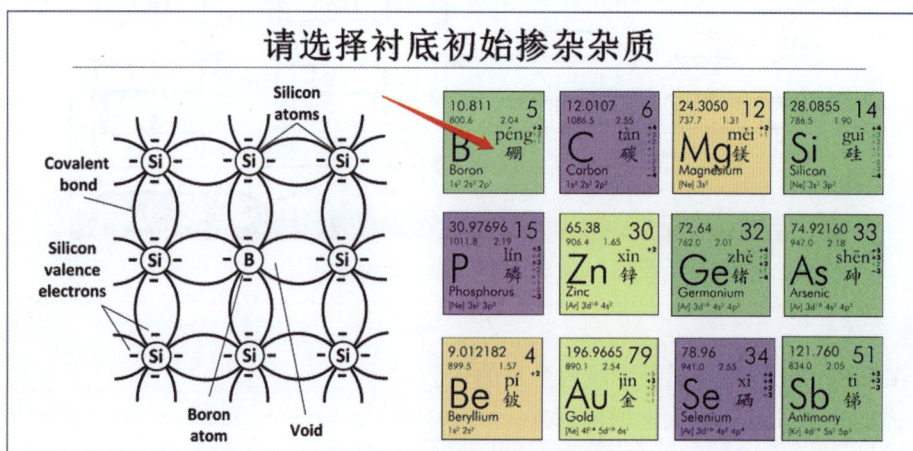

图 1.8　设置衬底初始掺杂杂质

（6）设置衬底初始掺杂浓度，设置为 $1 \times 10^{17} cm^{-3}$，然后单击"完成设置"按钮，如图 1.9 所示。

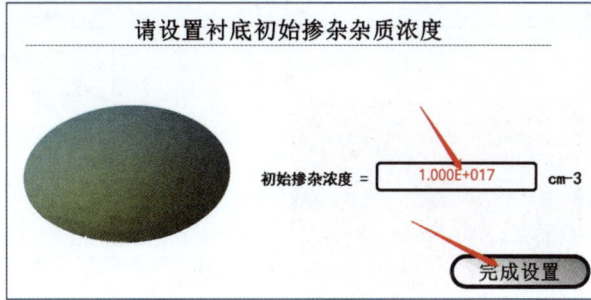

图 1.9　设置衬底初始掺杂浓度

（7）设置衬底晶向，选择<100>晶向，如图 1.10 所示。

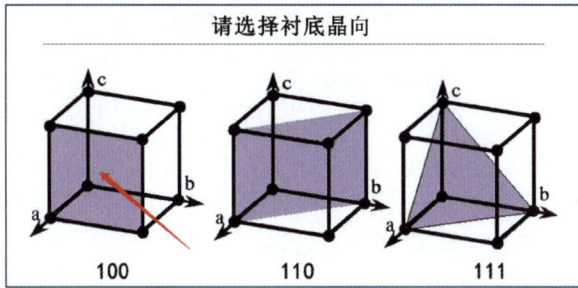

图 1.10　设置衬底晶向

2. 查看衬底准备结果

按照上面的提示完成衬底准备后，可以看到 HSLab 软件中出现了初始衬底图像，如图 1.11 所示，在右侧图像调节区会提示该衬底为硅，与上面的设置一致。

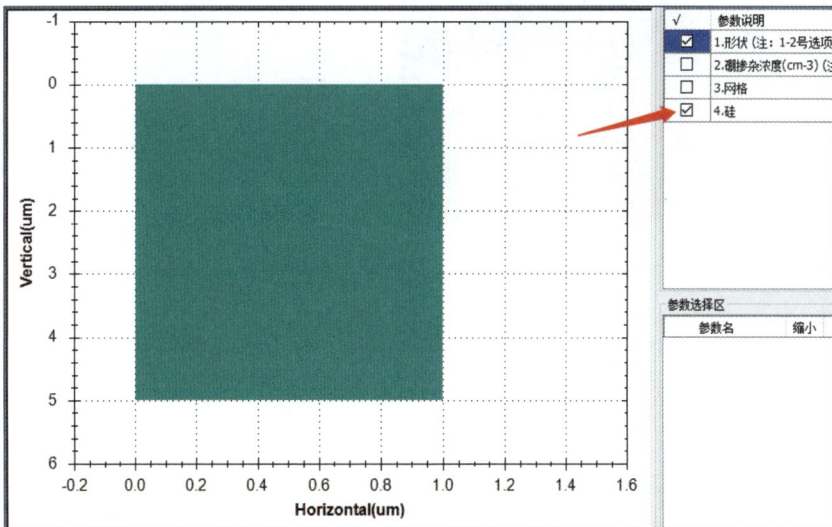

图 1.11　HSLab 软件中的初始衬底图像

（1）单击右侧图像调节区，勾选"硼掺杂浓度"，如图 1.12 所示，可以看到，硅的初始衬底掺杂为硼，掺杂浓度为 $1\times10^{17}\text{cm}^{-3}$，与上面的设置一致。

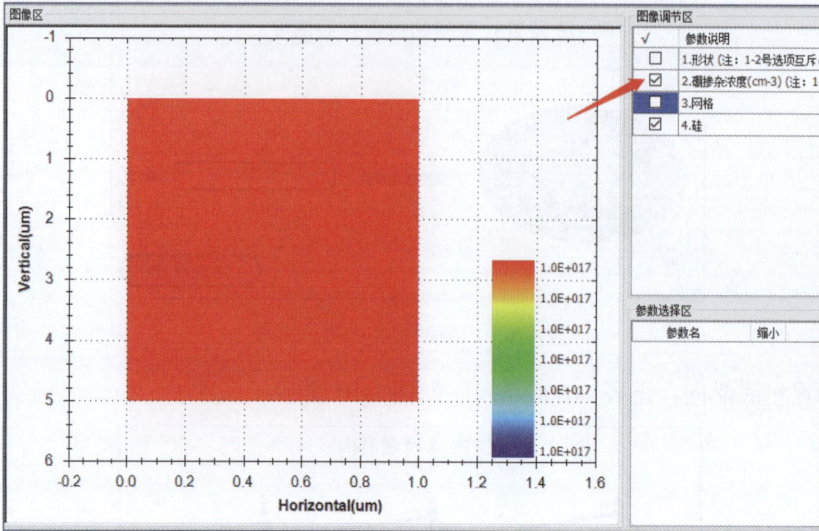

图 1.12　初始衬底的硼掺杂浓度分布图

（2）对该衬底的网格设置和网格稠密度设置进行检查，单击右侧图像调节区，勾选"网格"选项，得到如图 1.13 所示的网格划分结果。

提示：由于有些位置网格较密，当看不清楚时，可滑动鼠标滚轮放大，或者单击鼠标左键对一定的区域进行放大。

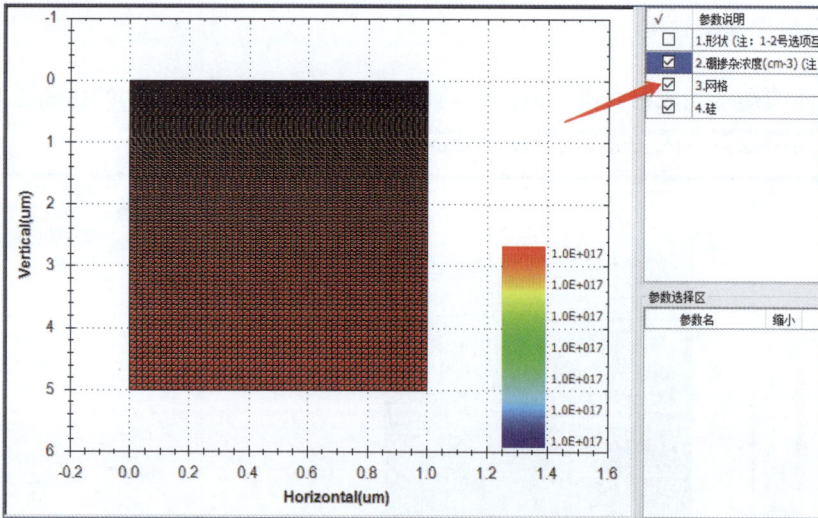

图 1.13　初始衬底的网格划分

① 网格划分的设置直接影响衬底的网格划分情况，并间接影响其他区域的网格划分（其他区域会自适应地进行变化），所有网格均为三角形。

② 网格划分的原则如下：网格划分得越细，仿真精度越高，但仿真速度会变慢；相反，网格划分得粗，仿真精度会降低，但仿真速度会加快。所以，应该在需要提高仿真精度的地

方增加网格数量，而在其他区域减少网格数量，从而在保证精度的同时，提高仿真速度。

③ 不同度数的网格稠密度会影响最终的显示效果，这类似于屏幕的分辨率。网格稠密度越高，分辨率越高，显示效果越好，但同样会增加计算量，导致显示速度降低。

提示：为了平衡显示效果和显示速度，在没有特殊显示要求的情况下，通常选择 5 度即可。

④ 在图 1.4 中沿 X 轴（也就是图 1.13 中的 Horizontal 方向）所进行的网格划分为：x1=0，step1=0.1，x2=1.0，step2=0.1，同时，网格稠密度为 5 度。那么，对应的网格划分含义是：最左侧 x 值为 0μm，最右侧 x 值为 1μm，网格会以 0.1μm/5（稠密度）=0.02μm 的网格步长进行显示，放大后的效果如图 1.14 所示，需仔细观察网格是否满足该条件。

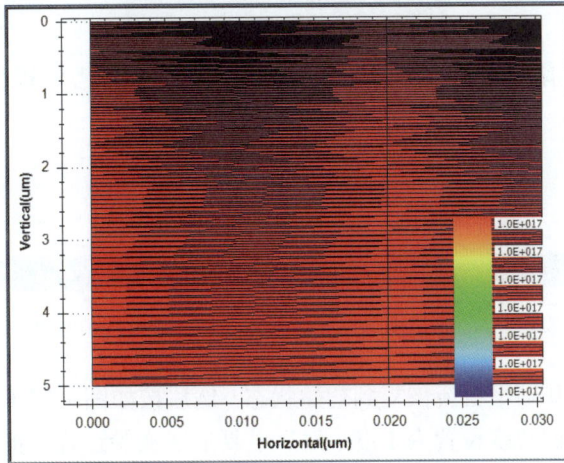

图 1.14 沿 X 轴方向放大网格

⑤ 在图 1.5 中沿 Y 轴（也就是图 1.13 中的 Vertical 方向）所进行的网格划分为：y1=0，step1=0.1，y2=5.0，step2=0.5，同时，网格稠密度为 5 度。那么，对应的网格划分含义是：最上侧 y 值为 0μm，最下侧 y 值为 5μm，在 y=0μm 的点，网格会以 0.1μm/5（稠密度）=0.02μm 的网格步长进行显示，并且步长逐渐放大，在 y=5μm 的点，网格的显示步长为 0.5μm/5=0.1μm，放大后的效果如图 1.15 所示，需仔细观察网格是否满足该条件。

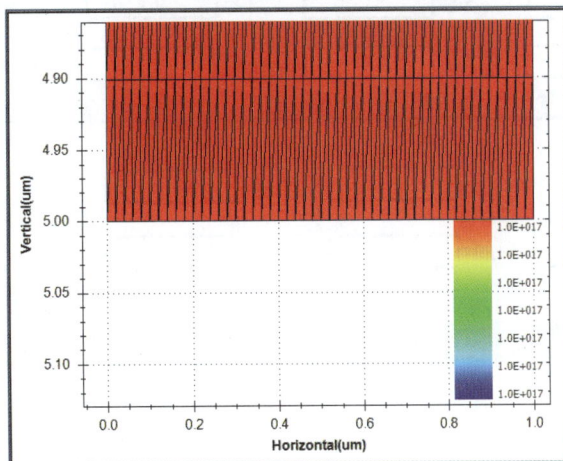

图 1.15 沿 Y 轴方向放大网格

3. 网格设置练习

完成上面的设置后，下面做一个网格设置的练习。首先，单击多功能实验基础平台的"退出"按钮，如图 1.16 所示，并单击"重新开始实验"按钮。

图 1.16　退出多功能实验基础平台并重新开始实验

之后，多功能实验基础平台会恢复到初始状态，然后按如图 1.17 和图 1.18 所示的网格进行划分，并将工艺网格稠密度设置为 1 度，然后重复上述实验过程，将结果填入实验报告中，分析网格划分结果如何反应网格设置的参数大小。

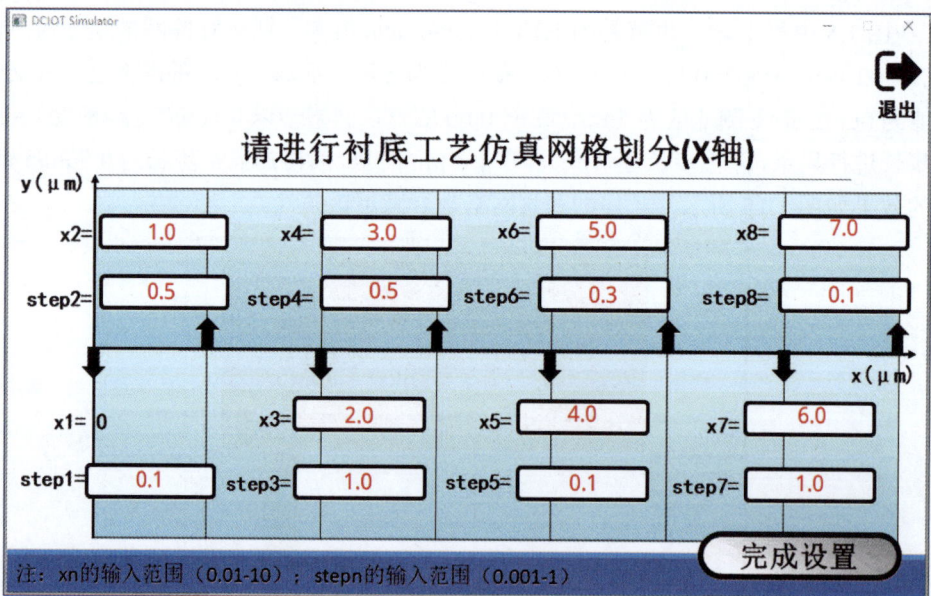

图 1.17　重新进行 X 轴方向的网格划分

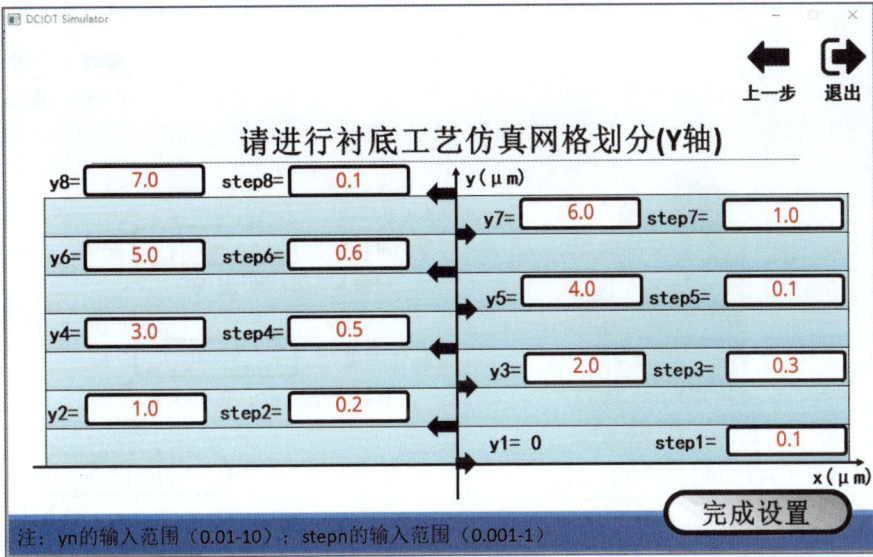

图 1.18　重新进行 Y 轴方向的网格划分

1.5.3　完成单步工艺

在 1.5.2 节，已经学习了晶圆衬底准备的相关知识和操作方法，本节以氧化为例完成一个单步工艺流程。

1. 按照提示完成氧化单步工艺

（1）重复 1.5.2 节的实验过程，形成一个初始衬底。然后在点亮的红色按钮中单击"Oxide"（氧化）按钮，多功能实验基础平台会显示如图 1.19 所示的设置，选择"湿法氧化"。

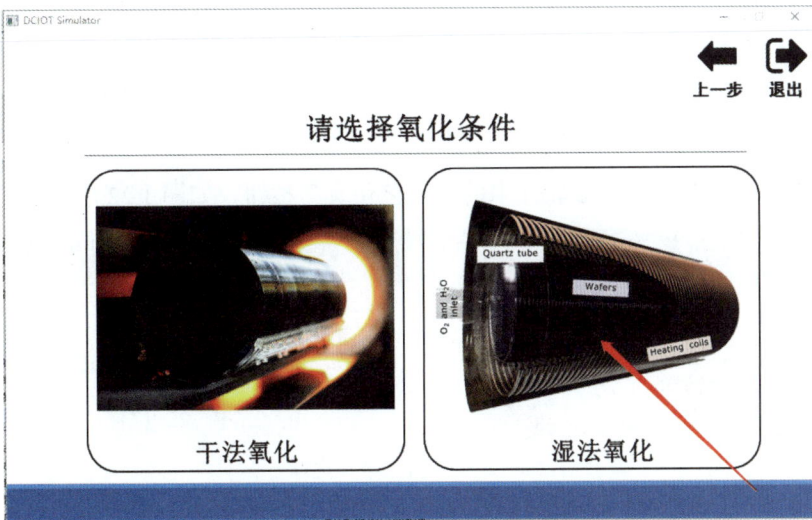

图 1.19　选择氧化条件

（2）设置湿法氧化的相关参数：氧化时间为 30 分钟，氧化温度为 900℃，设置好后，单击"完成设置"按钮，如图 1.20 所示。

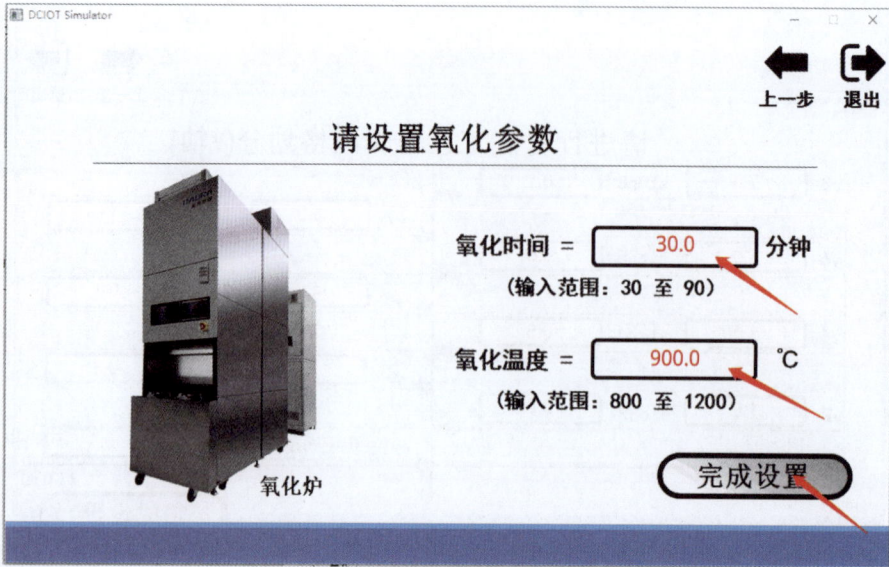

图 1.20　设置湿法氧化参数

（3）按照多功能基础实验平台上的提示，将多功能实验基础平台的 SSP-1220 板卡与实验用半导体参数分析仪的 SMU-2110 的#2 板卡进行连接，如图 1.21 所示。

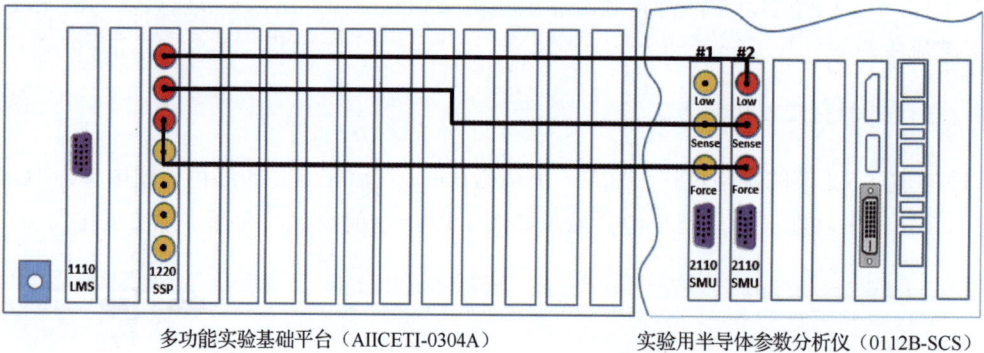

图 1.21　实验设备背面连接图

（4）连接好后，单击 HSLab 软件中的"工艺仿真"按钮，如图 1.22 所示。

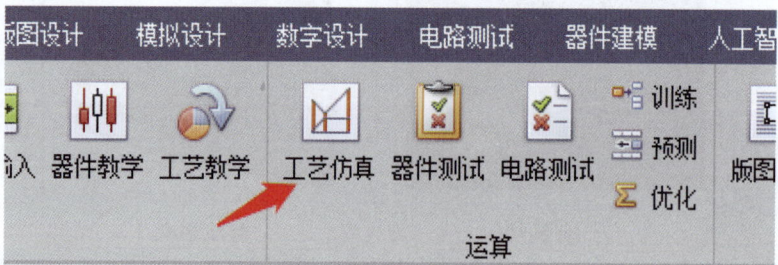

图 1.22　工艺仿真操作示意图

如果一切操作正确，将生成如图 1.23 所示的结果。可以看到，在硅衬底的上层，氧化生成了一层氧化层。

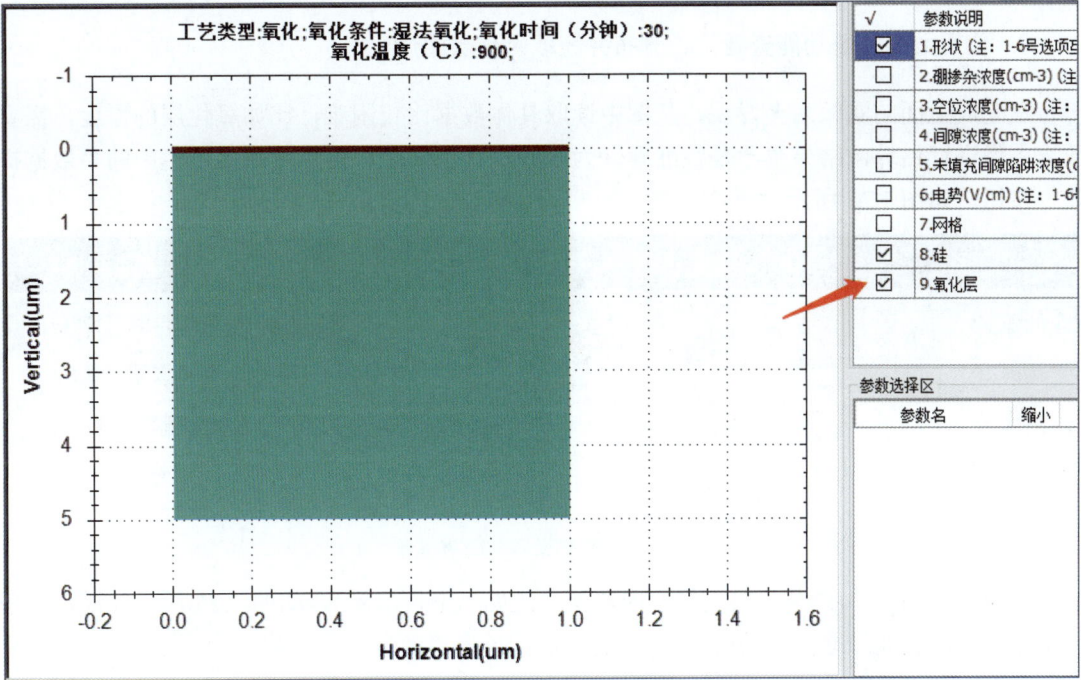

图 1.23　湿法氧化仿真结果

（5）勾选"硼掺杂浓度"，可以看到对应的硼掺杂浓度二维分布图，如图 1.24 所示。

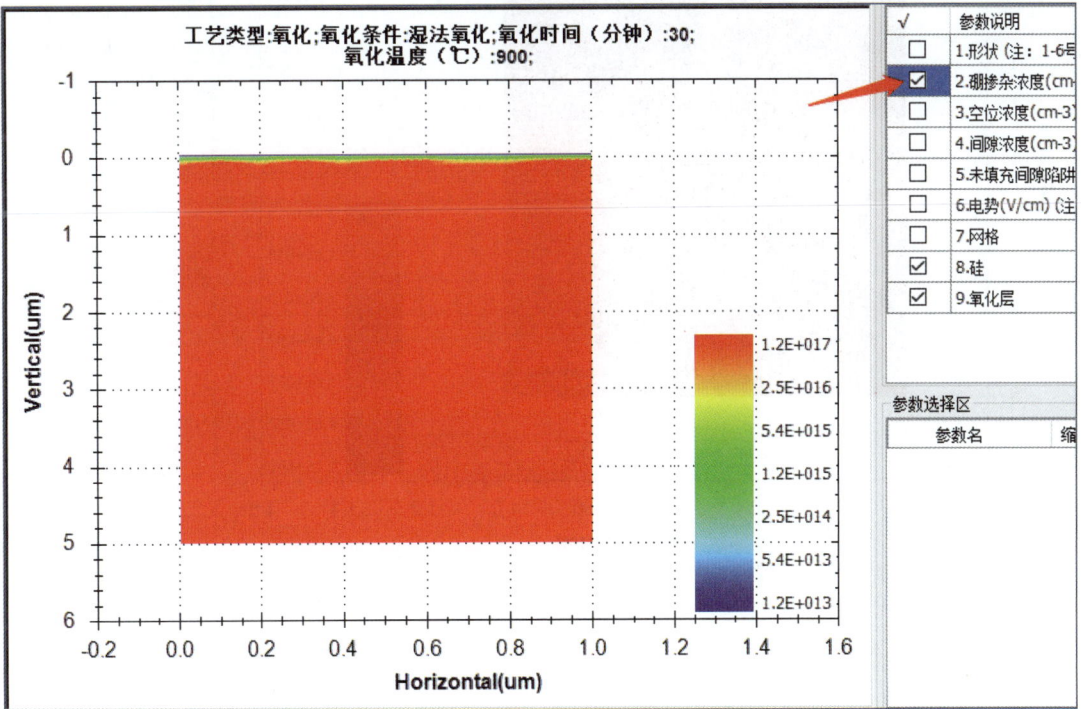

图 1.24　湿法氧化仿真后硼掺杂浓度分布图

2. 使用数据提取功能查看二维分布并获取氧化层厚度

在完成上面的实验后会发现，从图中读取具体数据比较困难，比如氧化层的厚度，需要放大图像进行估算，结果也不是很准确。为了解决这个问题，可以使用菜单栏中的"数据提取"按钮，如图 1.25 所示。

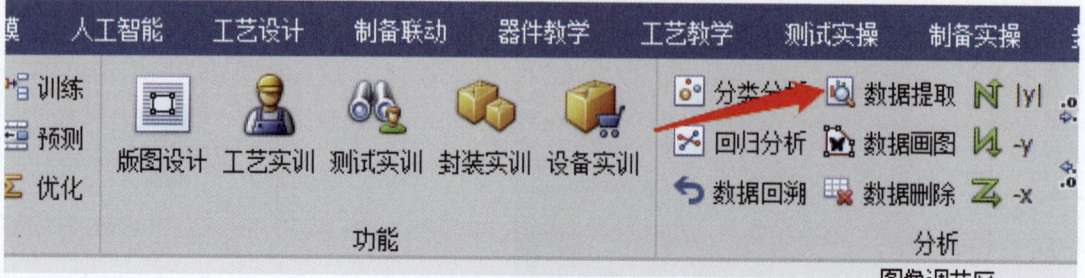

图 1.25　数据提取功能示意图

在图 1.23 中，勾选某个需要提取的数据，比如"空位浓度"，如图 1.26 所示（提示：形状不能提取，其他二维参数均可提取）。选择后，单击"数据提取"按钮。

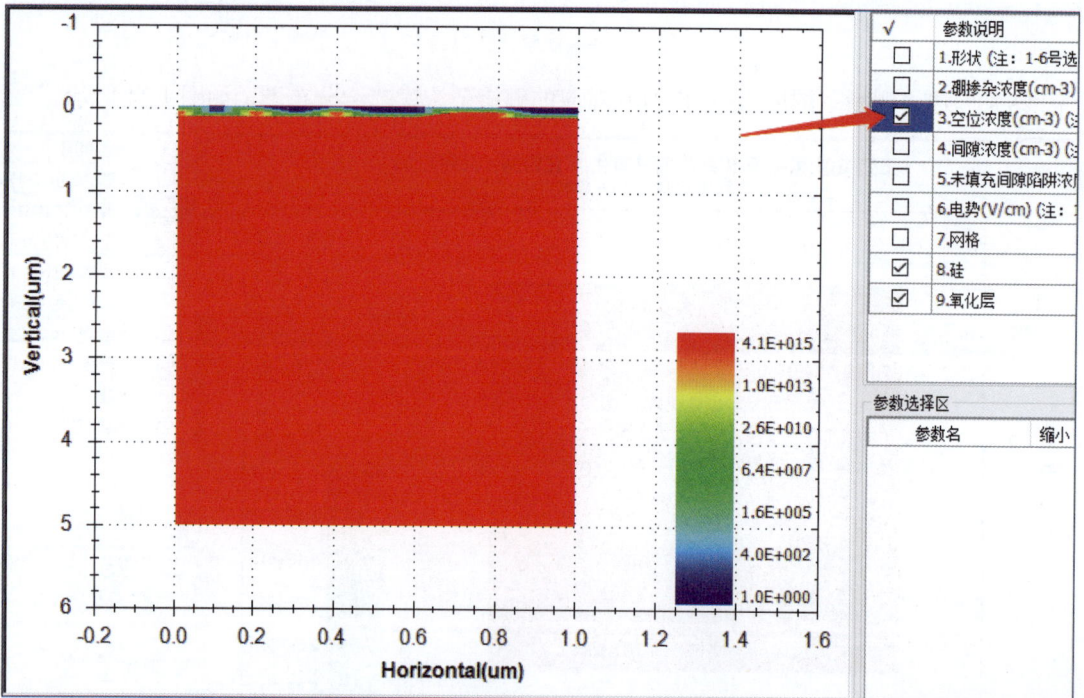

图 1.26　提取空位浓度数据操作示意图

此时弹出如图 1.27 所示的界面。首先选择二维分布图是沿着 X 轴方向提取还是沿着 Y 轴方向提取，然后选择提取的坐标值，最后选择结果的呈现方式。

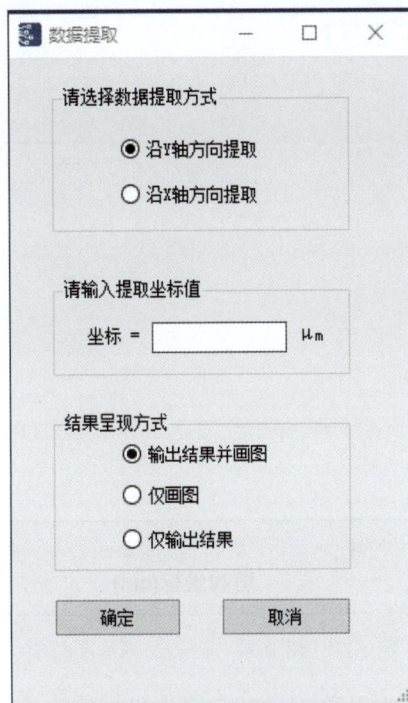

图 1.27　数据提取界面

下面给出两个示例供参考。

示例 1：图 1.28 和图 1.29 为沿着 Y 轴方向提取坐标值为 0.8μm 的示意图和提取结果。

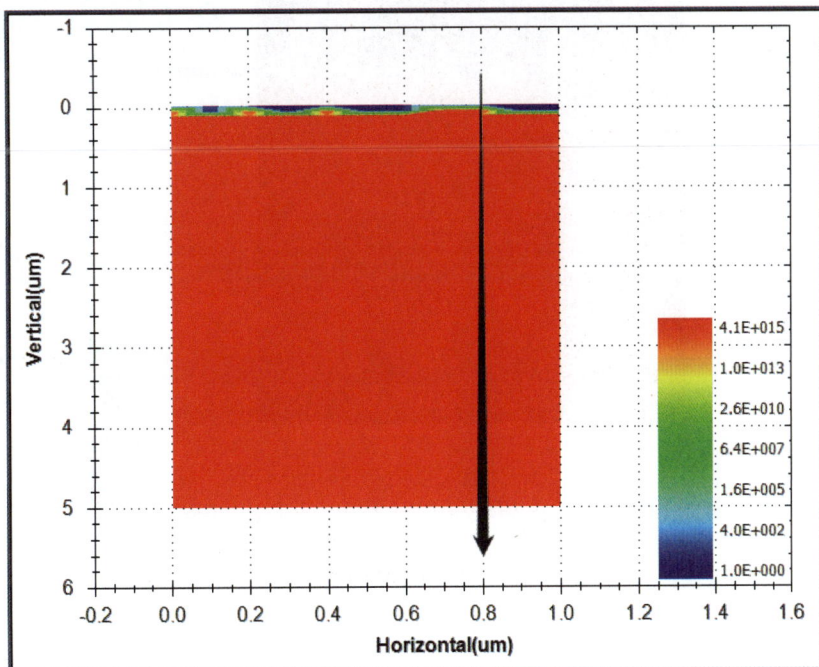

图 1.28　沿 Y 轴方向数据提取示意图

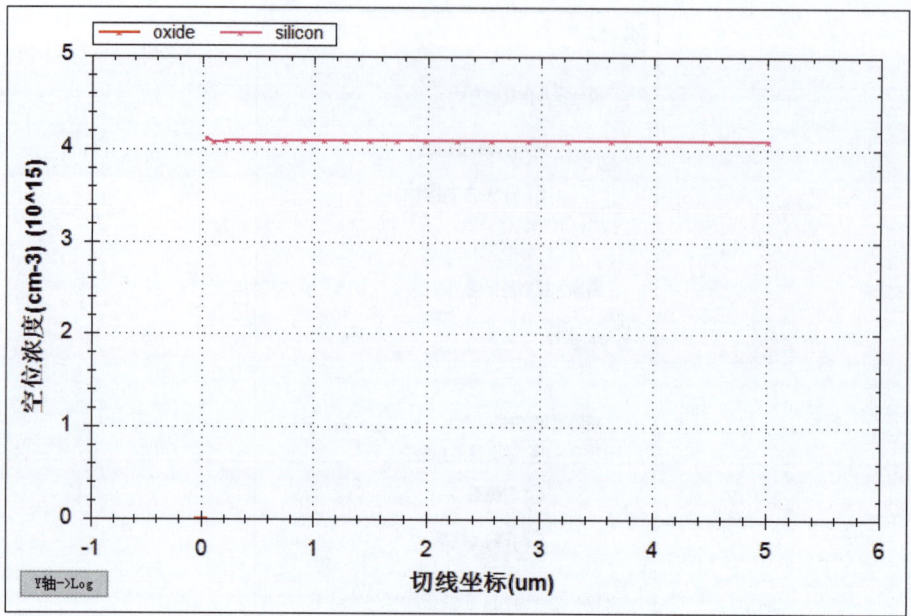

图 1.29　沿 Y 轴方向的数据提取结果

示例 2：图 1.30 和图 1.31 为沿着 X 轴方向提取坐标值为 1μm 的示意图和提取结果。

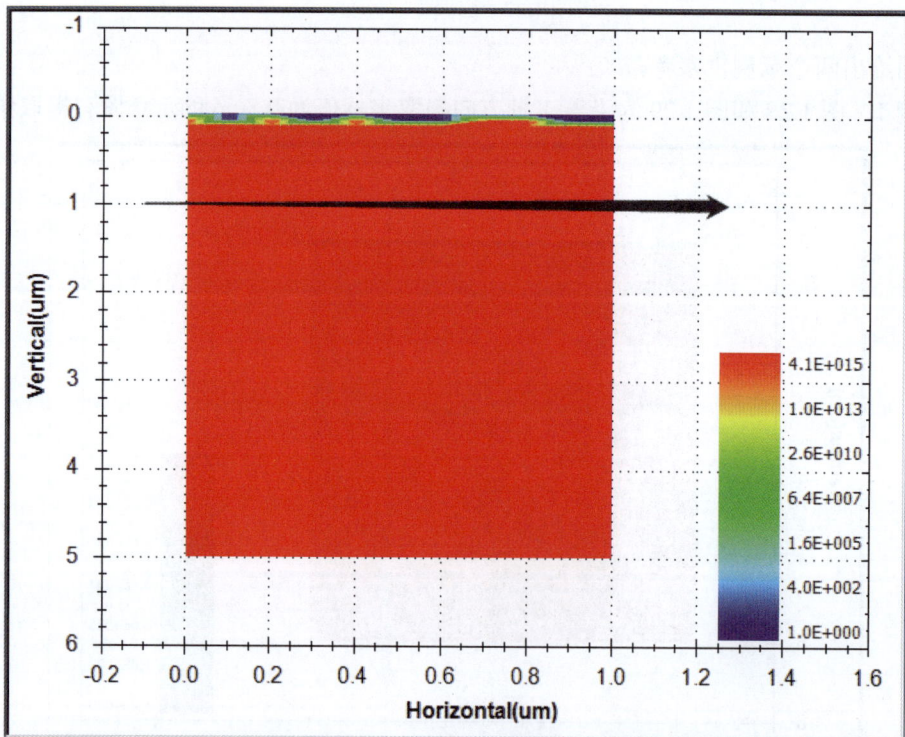

图 1.30　沿 X 轴方向数据提取示意图

提取后的图像可以在 Y 轴的 Log 坐标或 Lin（线性）坐标下进行切换，如图 1.32 所示。

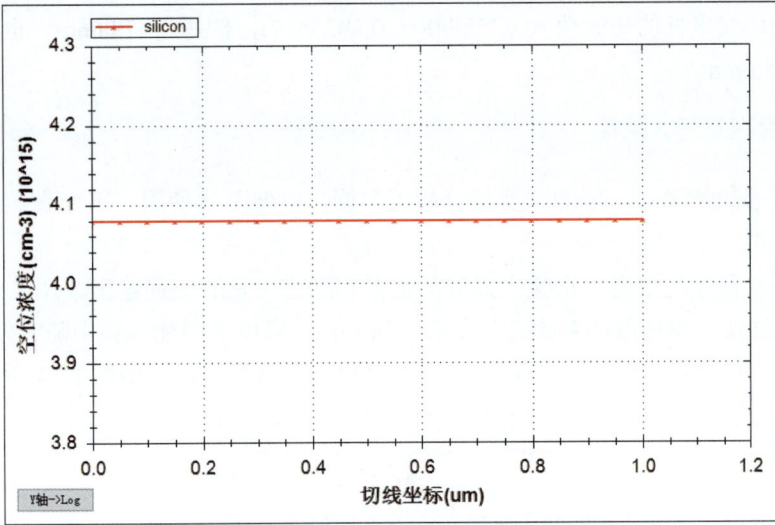

图 1.31　沿 X 轴方向的数据提取结果

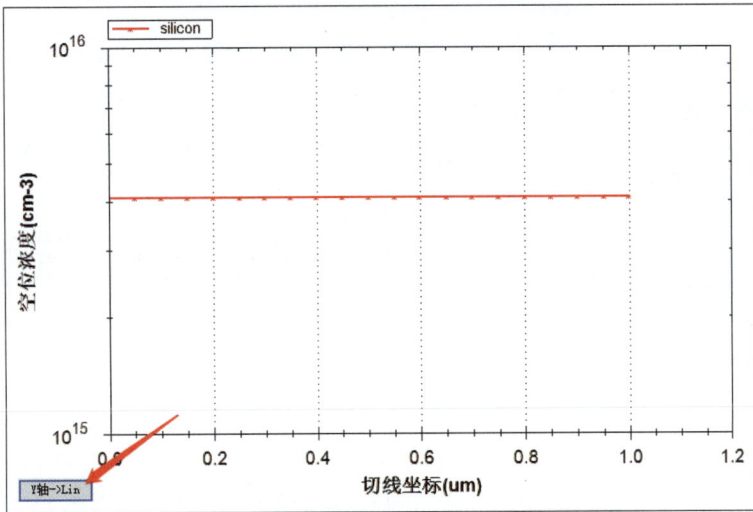

图 1.32　沿 Y 轴方向数据提取切换坐标系结果图

提取后的数据保存在数据区，如图 1.33 所示。可以将数据导出或者用于后期的特性对比，数据导出功能和对比分析功能将在下面介绍。

属性类型或规则	st [cm³] [crmo]an [Document] Pr
切线坐标(um)_oxide_1	-0.0433417,0.0352848
空位浓度(cm-3)_oxide_1	1,1
切线坐标(um)_silicon_1	0.0352848,0.0995031,0.207802
空位浓度(cm-3)_silicon_1	4.10398e+15,4.07379e+15,4.07
切线坐标(um)_silicon_2	0,0.0505574,0.1,0.150557,0.2,0
空位浓度(cm-3)_silicon_2	4.07911e+15,4.07911e+15,4.07

图 1.33　提取后的数据显示图

如图 1.33 所示，可以发现在沿着 Y 轴方向提取后的数据中后缀有"oxide"的字样，这个数据为氧化层的切线数据。可以根据这个数据的切线坐标来计算氧化层的厚度，即切线坐标的结束值减去切线坐标的初始值=0.0352848-（-0.0433417），约等于 78.6nm，也就是生长的氧化层厚度为 78.6nm。

3. 保存数据及导入使用

当获得上面的结果后，可能需要保存相关数据，以便下次使用。下面介绍如何保存数据及如何导入使用。

有两种需要保存的数据：实验中提取的数据和工艺仿真的配置输出。

（1）将上述实验中提取的数据进行保存。保存后，可以在后续实验中随时使用这些数据。如果要保存提取的数据，仅需单击菜单栏中的"数据输出"按钮，如图 1.34 所示，即可保存数据区的提取数据。读者可自行操作保存当前实验已提取的数据。

图 1.34　提取的数据保存操作示意图

保存后的数据文件如图 1.35 所示。

图 1.35　保存后的数据文件

如果要导入已经保存的数据，只需要单击菜单栏中的"数据输入"按钮，如图 1.36 所示，就可以导入已经保存的数据。读者可自行操作导入上述保存好的数据。

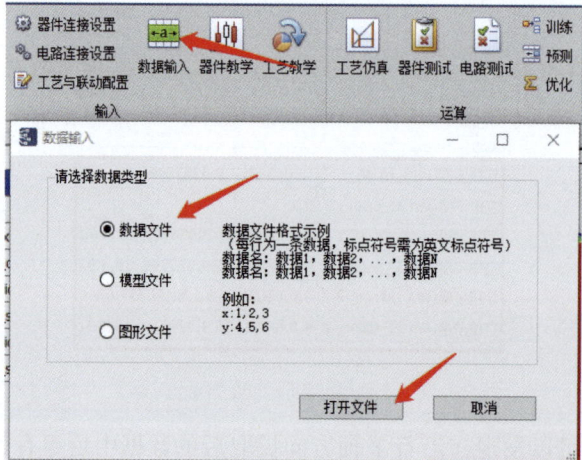

图 1.36　导入保存的数据

提示：也可以将自行准备的数据，或者自行测试的数据按照数据文件的格式进行编写并导入。数据文件中每行为一条数据，标点符号应为英文标点符号。

格式示例：

```
x:1,2,3
y:4,5,6
```

另外，也可以将数据修改后导入。

（2）保存当前工艺仿真状态和配置，下一次可以继续根据工艺仿真的状态和配置完成其他的工艺步骤，从而实现整个工艺步骤的器件制造仿真。如果要保存当前工艺仿真的状态和配置，仅需单击菜单栏中的"配置输出"按钮，如图 1.37 所示，即可保存当前工艺仿真的状态和配置。读者可自行操作保存当前的实验状态。

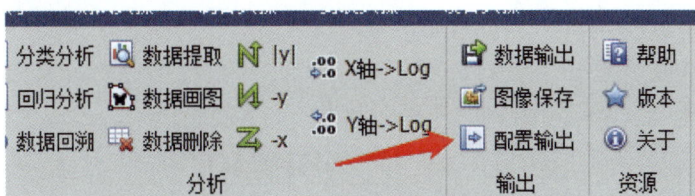

图 1.37　保存当前工艺仿真的状态和配置

如果要导入已经保存的状态和配置，只需要单击菜单栏中的"工艺与联动配置"按钮，如图 1.38 所示，就可以导入已经保存的各项参数。读者可自行操作导入上述保存的状态和配置。

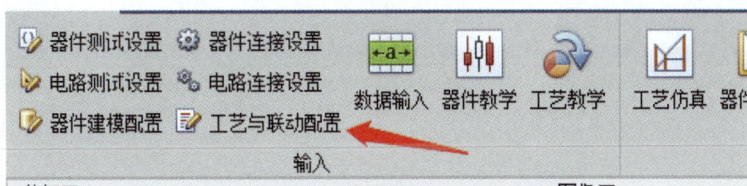

图 1.38　导入保存的工艺仿真状态和配置

提示：工艺仿真状态和配置保存主要用于一次实验课没有完成的实验，需要下次实验课调入该实验内容的应用场景。

4. 数据回溯功能

在实验过程中，如果对仿真得到的工艺结果不满意（比如上述实验中，对得到的氧化层厚度不满意），或者仿真设置错误（比如上述实验中，使用的氧化时间或者氧化温度有误），在不改变衬底设置的情况下，无须重新开始实验，仅需单击菜单栏中的"数据回溯"按钮，如图 1.39 所示，就能恢复到上一步的情况。读者可自行操作尝试该功能。

提示：该功能在后续需要成套工艺的多步实验中非常有用，可避免完成若干步骤后，由于设置错误或者仿真结果不满意，需要退回重新开始实验的麻烦。

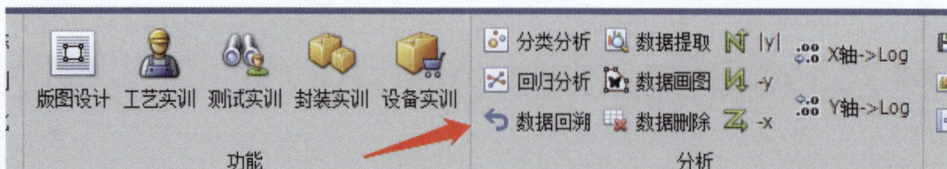

图 1.39　数据回溯功能操作示意图

5. 分析不同衬底晶向对氧化层厚度的影响及使用数据对比分析功能

在上述实验过程中，已经计算了<100>晶向所生成的氧化层厚度约为 78.6nm。

（1）重复 1.5.1 节的实验，在重复过程中，分别使用<100>、<110>和<111>的衬底晶向完成实验（提示：由于该实验需要改变衬底，故无法使用数据回溯功能，需要重新开始实验进行不同衬底晶向的实验过程）。完成每个实验后，提取和保存沿着 Y 轴方向坐标=0.5μm 的一维数据，供后续分析使用。

如果操作正确，将得到如图 1.40 所示的结果。

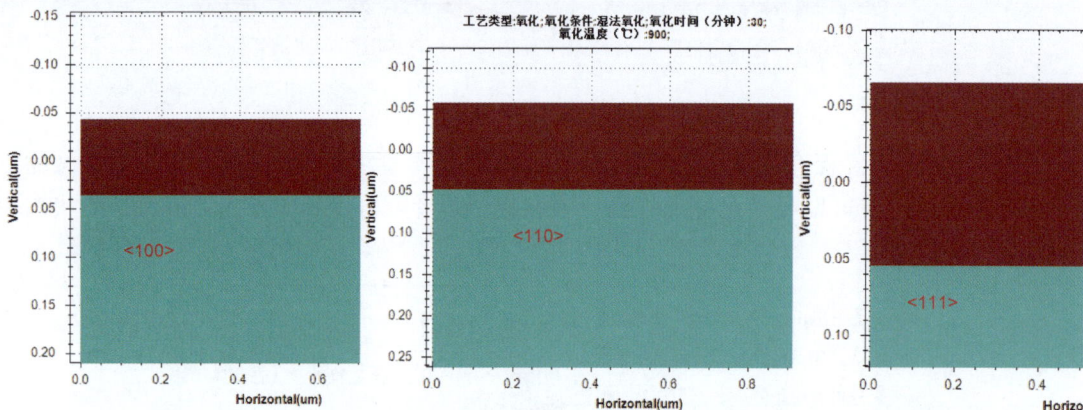

图 1.40　晶向对氧化的影响仿真结果

将上述 3 种提取的数据导入数据区，如图 1.41 所示。

提示：为了显示清晰，将数据名进行了修改，读者也可以自行在已经导出的数据文件中更改数据名。

111_切线坐标(um)_oxide_1	-0.0659325,0.034806,0.0541104
111_空位浓度(cm-3)_oxide_1	1,1,1
110_切线坐标(um)_oxide_1	-0.0574749,0.0470624
110_空位浓度(cm-3)_oxide_1	1,1
100_切线坐标(um)_oxide_1	-0.0433417,0.0352848
100_空位浓度(cm-3)_oxide_1	1,1

图 1.41　晶向对氧化的影响仿真数据提取结果

（2）使用数据画图功能来进行对比分析。单击菜单栏中的"数据画图"按钮，将需要对比的曲线的 X 轴和 Y 轴依次添加到待画图数据区中，如图 1.42 所示。

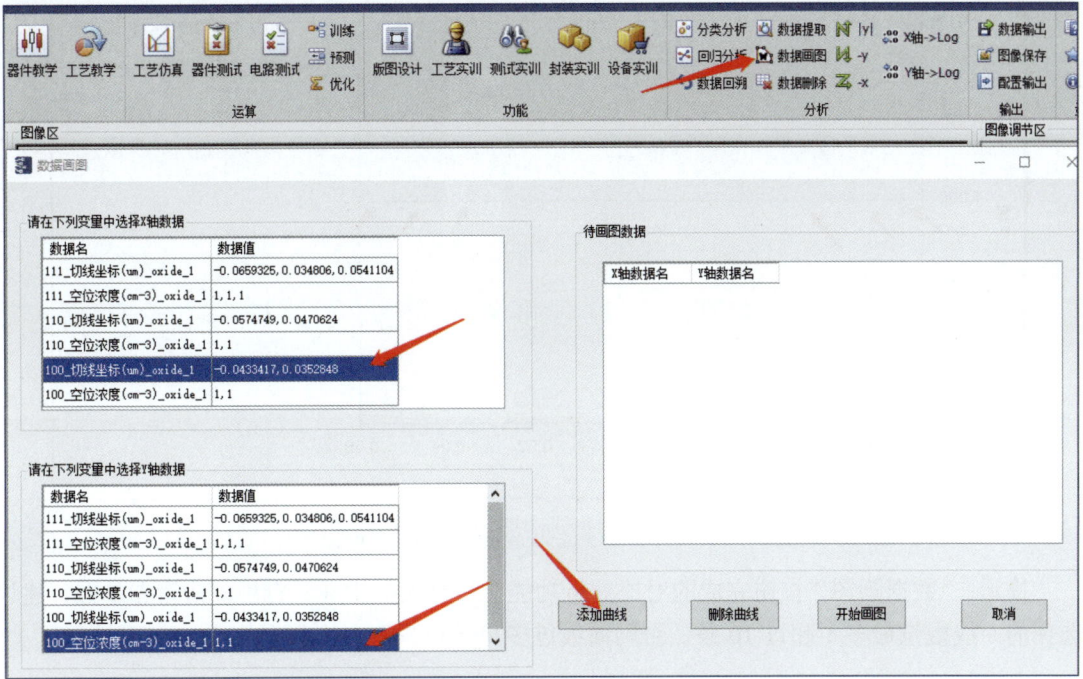

图 1.42　数据画图功能 X 轴和 Y 轴设置操作示意图

（3）全部添加好后，单击"开始画图"按钮，如图 1.43 所示。

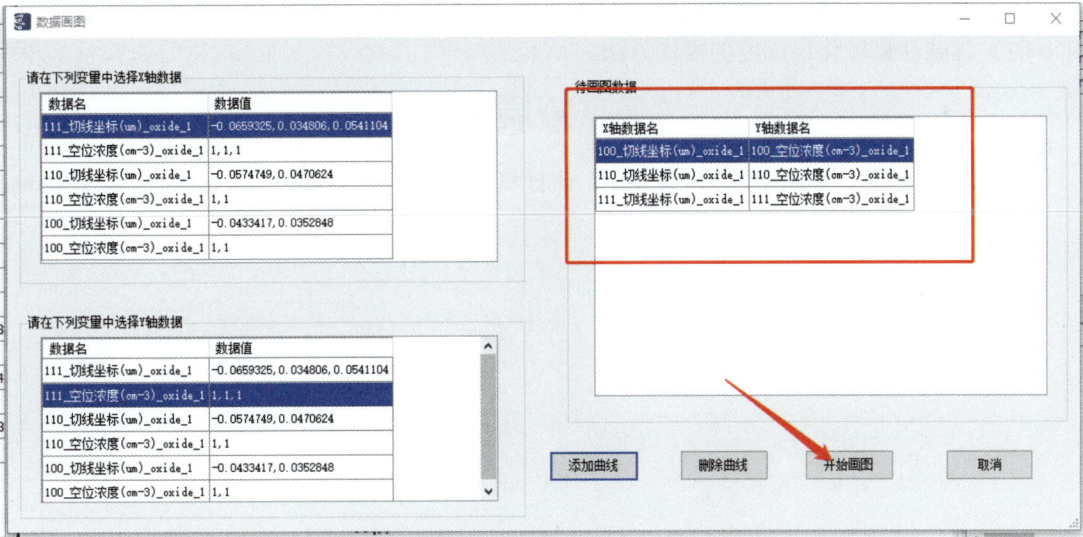

图 1.43　数据画图功能操作示意图

这时，绘图区就会呈现如图 1.44 所示的对比结果。可以看到，在其他条件完全相同的情况下，<100>晶向生成的氧化层厚度最薄，<110>晶向居中，<111>晶向最厚，这与理论分析的结果一致。

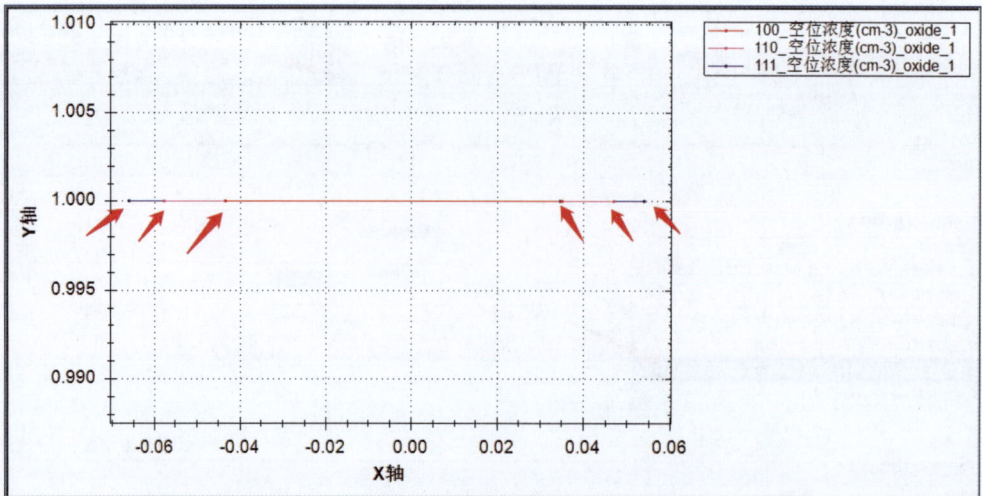

图 1.44 不同晶向下空位浓度氧化层厚度的对比

提示:"数据画图"按钮完成的对比分析功能在后续实验中非常有用,请读者掌握,建议选择的曲线数量最多不超过 10 条,否则曲线过多将难以提取有用数据。

1.6 思考题

（1）总结进行单步工艺实验操作的方法和步骤。

（2）总结网格的稠密度和准确度、计算时间之间的关系。

（3）总结计算氧化层厚度的操作方法。

1.7 拓展实验

在不同网格设置和稠密度设置条件下,计算氧化层的厚度,比较网格设置对结果的影响。

实验 2　光刻与刻蚀工艺分析与应用

2.1　实验目的

通过本实验，进一步熟悉集成电路制造中光刻和刻蚀工艺的原理及流程；使用多功能实验基础平台和半导体参数分析仪完成特定光刻胶线条（或图形）、氧化硅掩膜、台阶或沟槽结构的制作。

2.2　实验原理

2.2.1　工艺定义

1. 光刻

光刻（Lithography）是集成电路制造中最重要的工艺之一，是指通过匀胶、曝光、显影等一系列步骤，将附着在晶圆表面的光刻胶薄膜的特定部分去除，从而留下带有微图形结构的光刻胶。光刻工艺贯穿集成电路制造的始终，其他许多制造工艺都需要与光刻工艺相结合，以确定集成电路的各个区域（如注入区、刻蚀区和金属接触窗口等），有些集成电路的制造需要经过数十次乃至上百次的光刻才能完成。

2. 刻蚀

刻蚀（Etching）是另一个集成电路制造中经常用到的工艺，是按照掩膜图形或设计要求对半导体表面或表面覆盖薄膜进行选择性腐蚀或去除的技术。刻蚀技术的发展伴随着整个集成电路技术的进步。在半导体器件制造过程中需要各种类型的刻蚀工艺，涉及几乎所有的相关材料，如介质薄膜、硅、金属、有机物甚至光刻胶等。

2.2.2　工艺原理

1. 光刻工艺原理

光刻的本质是一次图形转移过程，即根据集成电路的设计要求，将特定的几何图形从掩膜版（光刻版）上转移到晶圆表面的光刻胶上。作为一种光敏感材料，光刻胶在光照（曝光）后会发生化学或物理反应，使其在显影液中的溶解度发生变化，从而通过显影形成所需的图案。光刻分为负性光刻和正性光刻两种类型。

（1）负性光刻

负性光刻所使用的光刻胶称为负胶，是在半导体工艺中最早使用的光刻胶。曝光后，窗口处的光刻胶发生反应成为不溶物，非曝光部分则被显影液溶解，因此最终保留下来的区域与光刻版图形互补，如图 2.1 所示。负胶的附着力强、灵敏度高、显影条件要求不严，适用于低集成度器件的生产。

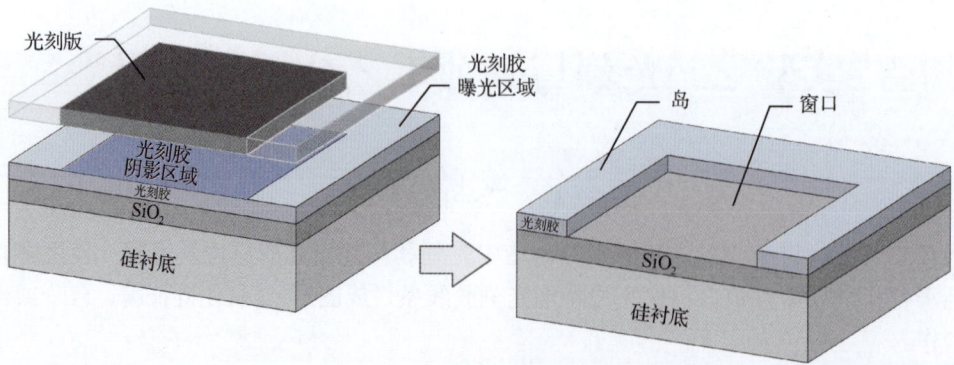

图 2.1 负性光刻示意图

（2）正性光刻

正性光刻所使用的光刻胶称为正胶，是目前使用最多的光刻胶。曝光后，窗口处的光刻胶发生反应从而能被显影液所溶解，保留下来的非曝光区域与光刻版图形一致，如图 2.2 所示。正胶具有分辨率高、对比度高、对驻波效应不敏感、曝光容限大、针孔密度低和无毒性等优点，适用于高集成度器件的生产。

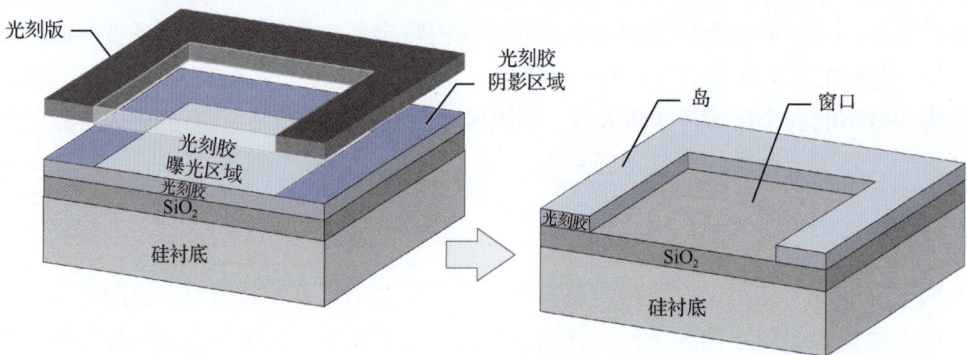

图 2.2 正性光刻示意图

2. 刻蚀工艺原理

刻蚀是用化学或物理方法有选择地从晶圆上去除部分材料的工艺。刻蚀在某种程度上也是图形转移过程，将未被掩膜（光刻胶或介质等）保护的区域去除，从而在下层材料上保留与上层掩膜对应的几何图形。在集成电路制造中有两种基本的刻蚀工艺，分别为干法刻蚀和湿法刻蚀。

（1）干法刻蚀

干法刻蚀是亚微米尺寸下最重要的刻蚀工艺之一。在刻蚀过程中，硅片表面暴露在气态的等离子体中，通过物理轰击或化学反应（或者两者的共同作用），将硅片窗口处（没被掩膜保护的区域）的材料去除，如图 2.3 所示。由于刻蚀中不使用液体，因此该过程被称为干法刻蚀。

干法刻蚀的材料包括介质、硅和金属等。介质刻蚀（如氧化硅等介质）可以用来制作接触孔、通孔以及离子注入窗口等结构；硅刻蚀可以用来制作多晶硅栅、硅槽电容以及隔离沟槽等结构；而金属刻蚀主要用来在金属层上去除铝合金复合层，制作互联线。

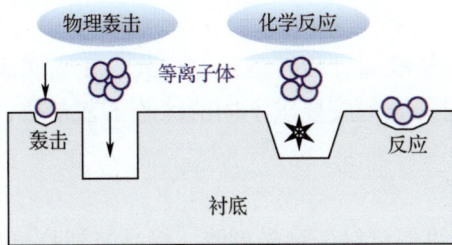

图 2.3　干法刻蚀示意图

（2）湿法刻蚀

湿法刻蚀一般用于尺寸较大的情况（微米级及以上）。在湿法刻蚀过程中，硅片浸润在化学试剂中（如酸、碱或有机溶剂等）以去除硅片表面的材料。虽然大部分湿法刻蚀工艺已经被干法刻蚀所取代，但它在漂洗氧化硅、去除残留物、表层剥离和大尺寸图形刻蚀方面仍然起到重要的作用。

2.2.3　光刻工艺形成方法及设备

1. 光刻工艺形成

光刻工艺需要多个工序才能完成，典型的光刻工艺一般包括 8 个主要工序：表面处理、涂光刻胶、前烘、对准曝光、曝光后烘焙（后烘）、显影、坚膜、检查，如图 2.4 所示。下面介绍各个工序的简要过程。

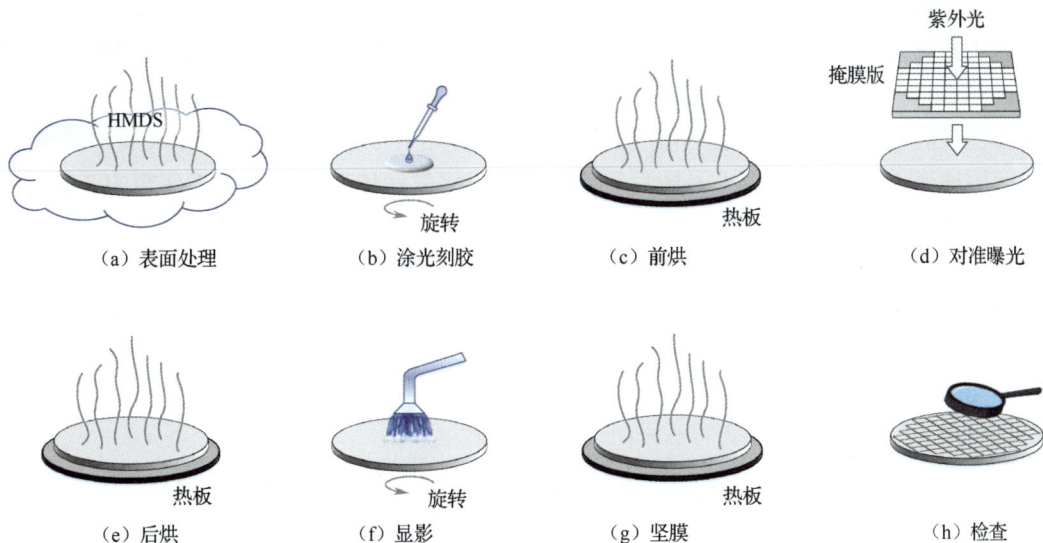

图 2.4　光刻工艺的主要工序

（1）表面处理

光刻工艺的第一步是对晶圆的表面进行处理，包括清洗和脱水烘焙，以增强晶圆与光刻胶之间的黏附性。为了进一步提高光刻胶的附着力，一般还需要使用六甲基二硅胺烷（HMDS）气相成底膜进行处理，以增强晶圆表面疏水性和对光刻胶的结合力。

（2）涂光刻胶

涂光刻胶也称为匀胶，一般通过旋转硅片的方式，在晶圆表面形成一层薄而均匀且缺陷极少的光刻胶薄膜。不同的光刻胶要求不同的涂胶工艺参数，包括旋转速度、胶厚度和温度等。

（3）前烘

前烘也称为软烘。通过烘烤可以干燥光刻胶、提高光刻胶与晶圆的黏附性、增强光刻胶厚度的均匀性、减小在旋转过程中光刻胶膜内产生的应力，有利于后续工艺中对几何尺寸的精密控制。

（4）对准曝光

这是光刻工艺中最重要的环节，是指将掩膜版图形与硅片已有图形（或称前层图形）对准，然后用特定的光照射，使之激活光刻胶中的光敏成分，从而将掩膜版上的图形转移到光刻胶上。

（5）后烘

后烘是在曝光后实施的关键热处理工序，对不同类型的光刻胶有不同的作用。对于深紫外光刻胶，后烘可以促使曝光区域光刻胶的光敏成分发生化学转变，使得该区域的光刻胶能溶解于显影液，此过程是完成光刻图形转移的必要前提；对于常规光刻胶，后烘虽非工艺必需环节，但仍具有显著改善作用，一方面可增强光刻胶与衬底界面的分子作用力，从而提高黏附性，另一方面能通过热致流动效应消除曝光过程产生的驻波干涉条纹，使得光刻胶形成良好的边缘形貌。

（6）显影

显影是光刻工艺的重要工序，是指用显影液溶解部分光刻胶，使剩余光刻胶准确地显现出所需图形，从而在后续的刻蚀或离子注入工艺中作为掩膜版图形。显影工序的关键参数包括显影温度和时间、显影液用量和浓度等，通过调整相关参数可提高曝光和未曝光部分光刻胶的溶解速率差（速率差越大，显影后得到的图形对比度就越高），从而获得所需的显影效果。

（7）坚膜

坚膜又称坚膜烘焙，是将显影后的光刻胶中剩余的溶剂、显影液、水分等不必要残留成分通过加热蒸发去除，以提高光刻胶的抗刻蚀能力和黏附力。坚膜温度根据光刻胶的类型和坚膜方法而有所变化，但通常要高于前烘与后烘的烘焙温度；坚膜的效果以光刻胶图形不发生形变为前提，并应使光刻胶变得足够坚硬。

（8）检查

最后，使用高精度图像识别技术对显影后的芯片图形进行全面的扫描检测。通过将实际成像图形与设计版图进行智能比对，系统可准确识别出包括线宽偏差、图形缺失、桥接等各类缺陷。当检测到的缺陷密度超过预设的工艺标准时，该晶圆将被判定为不合格产品，并根据缺陷的严重程度和分布特征，作出报废或返工的处理决定。

需要特别指出的是，在集成电路制造复杂的工艺流程中，绝大多数工艺都是不可逆的，而光刻则是极少数具备可逆性（返工）的关键工艺。这种独特的可逆性源于其工艺特点：光刻后形成的光刻胶层只是临时图形结构，通过去胶工艺（如等离子灰化或化学湿法腐蚀）可以完全去除光刻胶而不损伤晶圆，使得晶圆能够重新进入全套光刻流程，从而实现对上述各步工序的重复操作。这一特性为工艺调试和良率提升提供了重要保障，但同时也需要严格控制返工次数，避免对晶圆表面特性造成不利影响。

2. 光刻影响因素

（1）曝光光源

在光刻曝光时，被曝光部分的光刻胶发生化学变化，从而在显影处理后被去除，最终完成图形从光刻版到光刻胶的转移。在这一过程中，曝光光源的选择尤为重要。一般选用紫外光（UV）用于光刻胶的曝光，主要因为紫外光具有较短的波长（见图 2.5），从而衍射效应更小，可以形成更精细的图案。

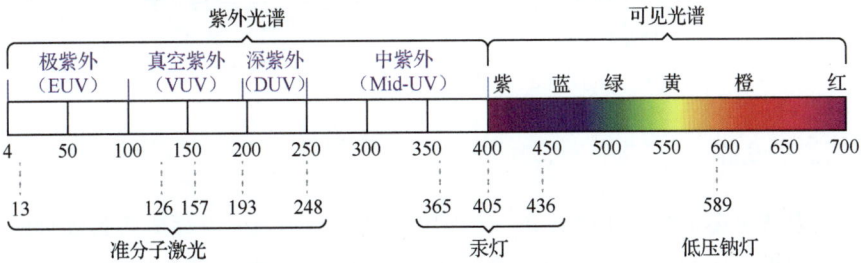

图 2.5　光源的波长范围（单位：nm）

目前工业上普遍应用的曝光光源是汞灯和准分子激光。早期的汞灯光源通过电流流经氙汞气体的管子产生电弧放电，从而发射出波长范围在 240nm 到 500nm 的紫外光波；之后，基于准分子激光的光学曝光技术逐步发展起来，其辐射能量主要集中在较短波长的深紫外（DUV）区域。例如，氟化氩（ArF）激光器可以产生 248nm 波长的紫外辐射，而更先进的氟化氪（KrF）激光器则能产生 193nm 波长的紫外辐射。

（2）分辨率与套刻精度

分辨率（Resolution）定义为清晰分辨晶圆片上最小特征尺寸的能力，是光刻工艺中一个非常重要的参数，也是衡量光刻工艺能力的关键指标。分辨率 R 的公式可以表示为

$$R = \frac{k\lambda}{NA} \tag{2.1}$$

式中，k 表示工艺因子，一般在 0.6～0.8 之间；λ 为曝光光源的波长；NA 为光学系统的数值孔径。由上面的公式可知，波长 λ 直接影响曝光系统的分辨率，采用短波长是提高分辨率的有效手段之一。

另一个影响分辨率的主要因素是数值孔径（NA）。通过采用浸入式光刻技术也可以有效提高数值孔径值，如图 2.6 所示。将液体（水或其他液体）置于主镜头和硅片之间，入射光线自然而然地就会穿透比空气折射率更高的液体。虽然这种方式本身并没有提高特定投影图像的分辨率，但是它能够赋予光刻机镜头更高的数值孔径值，从而显著提高系统的分辨率。这也是浸入式光刻机得以快速普及的原因。

此外，套刻精度（Overlay Accuracy）也是光刻工艺中的一项重要参数，反映了在多次套刻过程中不同图层间的相对偏差幅度。虽然套刻精度不同于分辨率，但两者相互影响。高分辨率意味着需要更高的套刻精度。反之，套刻精度的提高也需要高分辨率的支持，以确保各

个工艺层能够精准对准。值得一提的是，工业和信息化部印发的《首台（套）重大技术装备推广应用指导目录（2024 年版）》中包含了氟化氩光刻机，其光源波长为 193nm，分辨率≤65nm，套刻精度≤8nm。

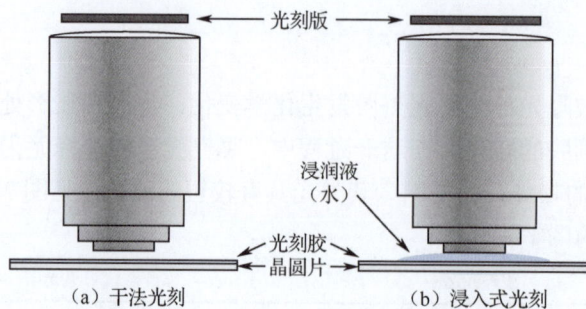

（a）干法光刻　　　　　　　　　　（b）浸入式光刻

图 2.6　干法光刻与浸入式光刻

3. 光刻工艺设备

光刻过程中涉及多个光刻工艺设备，比如用来进行晶圆表面气相成底膜处理的真空烘箱、涂光刻胶的匀胶机、用来烘焙和坚膜的热板等。其中，用于对准曝光环节的光刻机无疑占据核心的地位，同时它也是整个集成电路制造中单台价格最高、技术难度最复杂的工艺设备，不仅因其集成了最先进的光学系统、精密机械和控制系统，更因其直接决定了集成电路的最小特征尺寸。事实上，光刻机的技术指标已成为衡量半导体生产线整体技术水平的最重要标志，其分辨率、套刻精度和产能等参数直接影响着芯片的性能和制造成本。

自 20 世纪 70 年代以来，光刻技术经历了持续的技术革新与设备迭代，已经推出了包括接触式光刻机、接近式光刻机、扫描投影光刻机、步进扫描光刻机以及（深）紫外光刻机等多种光刻设备，每一代设备的出现都显著提升了图形转移的精度和效率。

当前，最先进的光刻机是由荷兰 ASML 公司研发的极紫外（EUV）光刻机（见图 2.7），其光源波长低至 13nm。EUV 光刻机的商业化应用为半导体制造工艺带来了革命性突破，不仅实现了 7nm 及以下先进制程的量产，更为整个集成电路产业向更高集成度、更强性能方向发展提供了关键的技术支撑，持续推动着摩尔定律的演进。

（a）接触式光刻机　　　　　　　　　　（b）极紫外（EUV）光刻机

图 2.7　光刻机设备

2.2.4 刻蚀工艺形成方法及设备

1. 刻蚀工艺形成

刻蚀工艺作为集成电路制造中的关键环节，通常需要与光刻工艺紧密配合，通过多个工序协同，共同完成从光刻版到光刻胶、再从光刻胶到晶圆的图形转移，如图 2.8 所示。下面简要介绍这两次图形转移的过程。

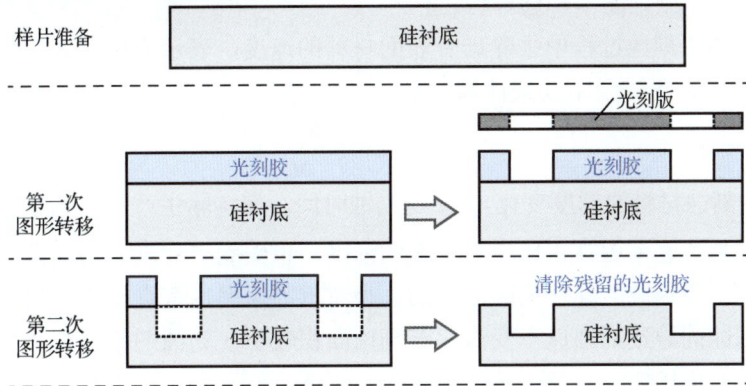

图 2.8　刻蚀工艺的流程示意图

① 第一次图形转移：在准备好的晶圆上均匀涂覆光刻胶，随后经过烘焙、对准、曝光和显影等步骤，将光刻版图形精确转移到光刻胶层，形成具有特定图案的光刻胶。

② 第二次图形转移：将晶圆放入刻蚀机中，通过干法刻蚀技术选择性去除未被光刻胶覆盖的硅基材料，从而在晶圆表面形成所需的沟槽结构，实现光刻胶图案向晶圆的转移。

③ 通过去胶工艺（如等离子灰化或化学湿法腐蚀）彻底去除残留的光刻胶，完成整个图形转移过程。

2. 刻蚀影响因素

（1）各向同性刻蚀与各向异性刻蚀

在刻蚀去除材料后，刻蚀形貌可能各不相同，可以分为各向同性和各向异性两种类型。

各向同性刻蚀是指在所有方向上以相同的刻蚀速率进行刻蚀，比较适用于快速刻蚀的场景，如图 2.9（a）所示。但这会导致被刻蚀材料在掩膜的下方产生钻蚀，引起线宽损失。需要注意的是，湿法化学腐蚀本质上也是各向同性刻蚀，因而不适用于小线宽图形的制作。而干法刻蚀虽然也会存在各向同性的现象，但通过优化刻蚀气体种类和工艺参数，可以在一定程度上改善这一问题。

各向异性刻蚀主要沿着垂直于硅片表面的方向进行，横向刻蚀几乎可以忽略不计，如图 2.9（b）所示。因此，各向异性刻蚀可以形成垂直的轮廓和尖锐的边缘，能够提供较好的形状控制，这使其成为微电子刻蚀工艺中的一种主流技术。同时，垂直的侧壁使得在芯片上可以制作高密度的刻蚀图形，这对于小线宽图形的制作至关重要。

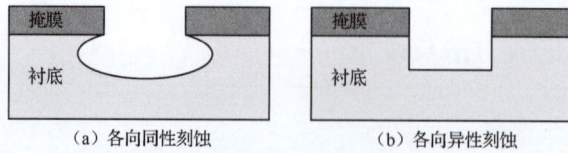

（a）各向同性刻蚀　　　　　　（b）各向异性刻蚀

图 2.9　不同的刻蚀形貌

（2）刻蚀速率与选择比

在实际的工艺中，为了满足一些特殊要求，需要关注刻蚀工艺的相关参数。其中，最重要的两个刻蚀参数是刻蚀速率和选择比。

刻蚀速率是指在刻蚀过程中去除硅片表面材料的速度，表示为单位时间内刻蚀的材料厚度（单位为 Å/min），可以用下式来计算：

$$刻蚀速率 = \frac{\Delta E_S}{\Delta t} \tag{2.2}$$

式中，ΔE_S 是被刻蚀材料的厚度变化，Δt 是刻蚀时间。在实际生产中，为了提高产量，需要提高刻蚀速率。刻蚀速率通常正比于刻蚀剂的浓度，也受到硅片表面的几何形状、温度等因素的影响。此外，要刻蚀的硅片表面面积的大小对刻蚀速率也有直接的影响，若刻蚀面积较大，则会耗尽刻蚀剂导致刻蚀速率变慢；若刻蚀面积较小，刻蚀剂相对充足，则刻蚀就会变快，这种现象称为负载效应。

选择比是指在同一刻蚀条件下两种不同材料刻蚀速率的快慢之比，可以用下式来表示：

$$选择比 = \frac{\Delta E_S}{\Delta E_M} \tag{2.3}$$

式中，ΔE_S 是被刻蚀材料的厚度变化，ΔE_M 是刻蚀掩膜（如光刻胶）的厚度变化。如图 2.10 所示，若选择比是 1∶1，则意味着被刻蚀材料与掩膜去除得一样快；而若选择比为 10∶1，则说明被刻蚀材料的刻蚀速率是掩膜刻蚀速率的 10 倍。具有高选择比的刻蚀工艺不会刻蚀其下一层的材料，并且只刻蚀小部分的起保护作用的光刻胶。在最先进的工艺中，为了确保关键尺寸和剖面的控制，高选择比是必要的。尺寸越小，对选择比的要求就越高。

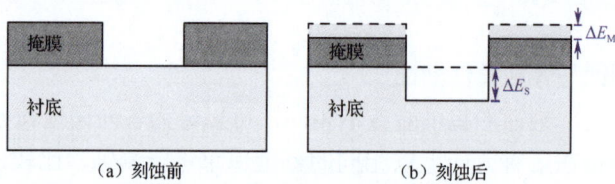

（a）刻蚀前　　　　　　（b）刻蚀后

图 2.10　刻蚀速率和选择比示意图

3. 刻蚀工艺设备

（1）等离子体刻蚀机

等离子体（Plasma）是物质的第四种状态（区别于固态、液态、气态），由电离的气体组成，包含自由运动的电子、离子及未电离的活性粒子（又称自由基）。在绝大多数的干法刻蚀工艺中，利用等离子体中高活性粒子的化学反应和带电离子的物理轰击，实现对目标材料的刻蚀。根据等离子体产生和控制技术的不同，刻蚀设备可以分为两大类：电感耦合等离子体（Inductively Coupled Plasma，ICP）刻蚀机与电容耦合等离子体（Capacitively Coupled Plasma，

CCP）刻蚀机。

图 2.11 展示了一个 ICP 刻蚀机，它利用其反应腔顶部的感应电源及螺旋感应线圈，将刻蚀气体（如 CF_4、Cl_2）耦合产生高密度的等离子体，其中包括大量的活性粒子和高能离子。活性粒子与被刻蚀材料发生化学反应，生成具有挥发性的产物，然后并被真空系统抽离排出反应腔。相比于 CCP 刻蚀机，ICP 刻蚀机的反应腔的工作气压偏低（1～50mTorr）、等离子体浓度偏高（10^{10}～10^{12}cm^{-3}），这使得 ICP 刻蚀机具备较高的速率和选择比。

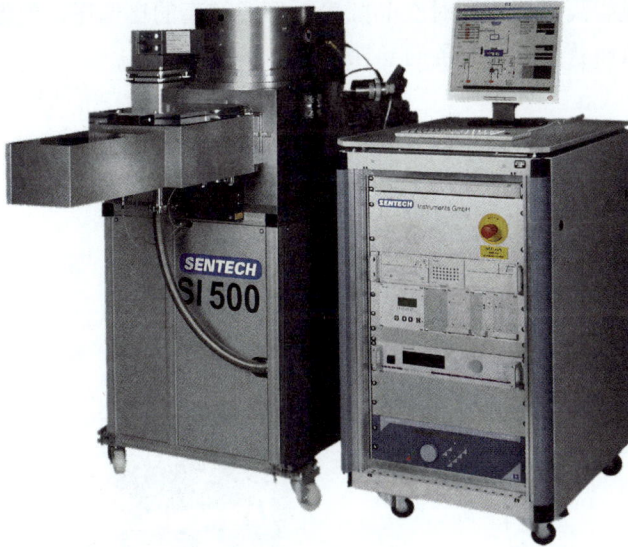

（a）设备实物图

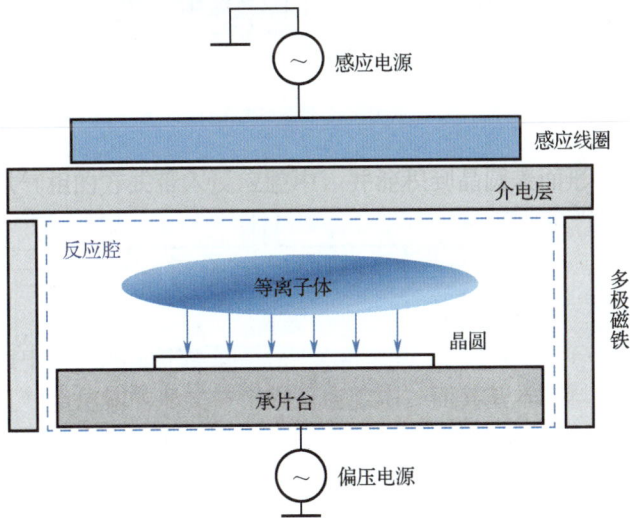

（b）原理示意图

图 2.11 ICP 刻蚀机

另外，ICP 刻蚀机通过底部偏置电压（电场）为带电离子提供能量，促进离子对晶圆表面的物理轰击。这不仅加速刻蚀速率，还可以有效调控刻蚀方向，有助于获得更好的各向异性刻蚀效果。此外，这种双电源设计架构，能够实现等离子体浓度与离子能量的解耦调控，从而赋予了更大的工艺参数自由度，使 ICP 刻蚀机逐渐成为主流的刻蚀机。

（2）反应离子刻蚀机

反应离子刻蚀机（Reactive Ion Etching，RIE）在传统上采用 CCP 结构，其反应腔内的等离子体浓度虽然相对较低（$10^9 \sim 10^{10} \text{cm}^{-3}$），但由于离子轰击的参与度较高，能够实现优异的各向异性刻蚀。图 2.12 展示了一个典型的 RIE 刻蚀机。其中，射频电源连接承载晶圆的下电极，而上电极保持接地状态。上电极面积远大于下电极，并在上电极附近配置喷淋头。通过电容耦合的方式激发等离子体，同时在晶圆表面形成较高的自偏压，促使离子在强电场作用下实现垂直入射，从而获得显著的各向异性刻蚀效果。

（a）设备实物图

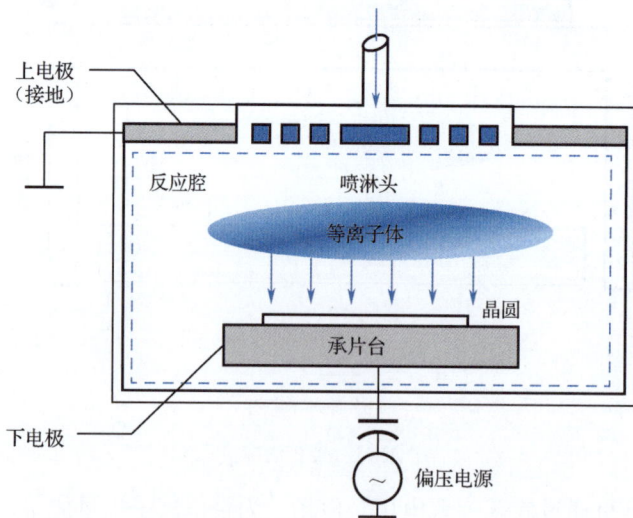

（b）原理示意图

图 2.12　反应离子刻蚀机

最早的 RIE 刻蚀机于 20 世纪 80 年代投入使用，因受限于单一的射频电源和相对简单的反应腔设计，在刻蚀速率、均匀度和选择比等方面存在不足。为了增加工艺的可控性，现代 RIE 刻蚀机采用在反应腔壁引入辅助电源等改进措施，可以在一定程度上克服传统设备的局限性。

2.3　实验内容

光刻和刻蚀工艺是微电子工艺课程所需要学习的重要单步工艺之一。通过本实验，学生应熟悉晶圆上图形的形成与转移的过程，深入理解光刻和刻蚀的工艺原理，并掌握其在复杂微纳结构制备中的应用。实验内容包括以下几项：

（1）光刻工艺的基本设置；
（2）刻蚀工艺的基本设置；
（3）制作深浅沟槽结构；
（4）制作多级台阶结构。

2.4　主要仪器设备

此部分内容可参照实验 1 的 1.4 节。

2.5　操作方法与实验步骤

2.5.1　基础准备工作

此部分内容可参照实验 1 的 1.5.1 节。

2.5.2　实验过程及提示

根据已经学到的知识，完成下述实验过程。

提示：在实验 1（工艺仿真实验基础及衬底特性分析实验）中，已经给出了氧化工艺的实现方法和相关提示，例如：① 利用数据提取功能可以获得一维数据，并可进行定量分析；② 通过数据输出、数据输入和数据画图功能可以进行不同类型的数据对比；③ 通过数据回溯功能可以将实验结果恢复到上一步，免去重新开始实验的麻烦；④ 通过配置输出功能及工艺与联动配置功能可以将进行到一半的实验状态保存，供下次实验使用，如图 2.13 所示。

图 2.13　实验 1 的相关实现方法

建议确保上述内容已经清楚后，再完成本次实验。

1. 基础仿真设置和衬底设置

衬底大小为 1μm×1μm，衬底的网格划分如下。
X 轴：采用宽度适中的 0.1μm 网格划分。

Y 轴：需要在衬底表面（$y=0$）增加仿真点数，从而提高仿真精度；在远离衬底表面的区域适当降低仿真点数，从而获得更快的仿真速度。

具体网格设置如图 2.14 和图 2.15 所示。

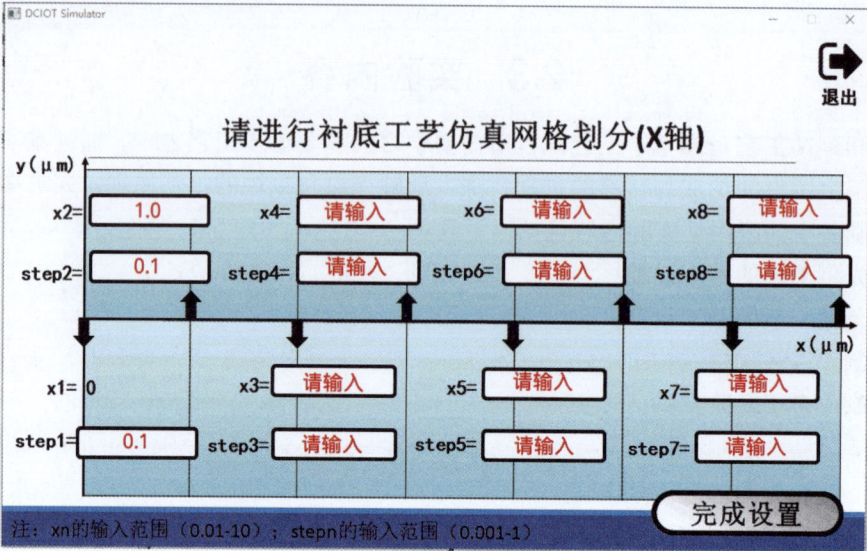

图 2.14　X 轴方向的网格设置

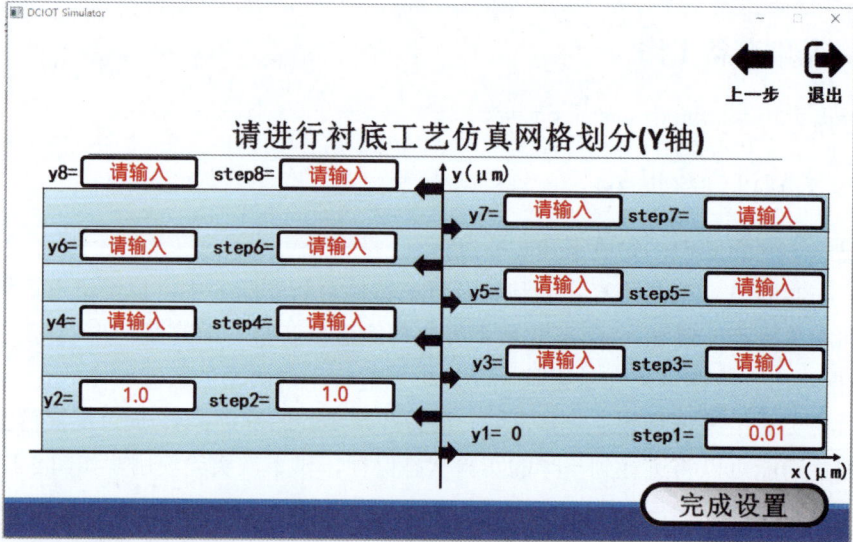

图 2.15　Y 轴方向的网格设置

其他设置均为常规设置，具体设置如下。

① 工艺网格稠密度：5 度。

② 衬底材料：硅。

③ 初始掺杂杂质：硼。

④ 初始掺杂浓度：$1 \times 10^{13} \mathrm{cm}^{-3}$。

⑤ 衬底晶向：<100>。

2. 光刻工艺

下面在衬底上进行光刻工艺。

（1）在点亮按钮中选择"光刻"（Litho EUV），出现光刻的相关设置选项，选择光刻并刻蚀的材料为"光刻胶"，如图 2.16 所示。

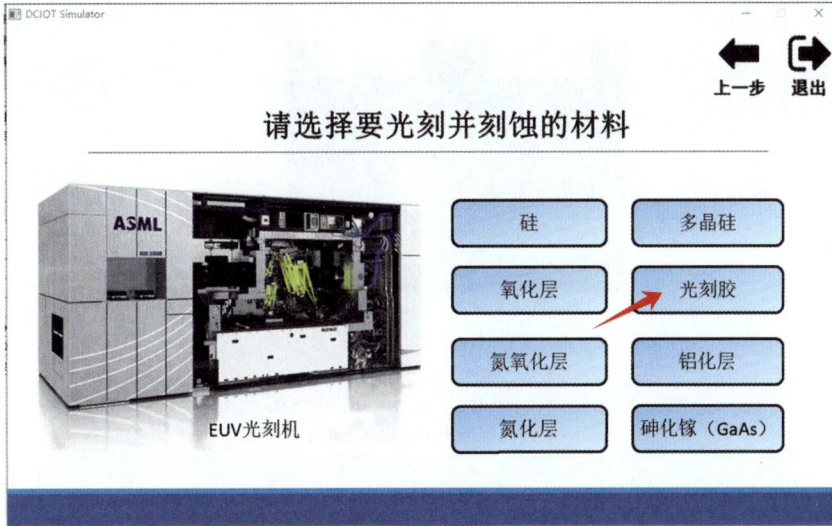

图 2.16　需刻蚀材料的选择设置图

（2）输入光刻窗口的位置，如图 2.17 所示，比如 x1=0.1μm，x2=0.4μm，x3=0.6μm，x4=0.9μm，代表要刻蚀掉 0.1～0.4μm 和 0.6～0.9μm 的光刻胶区域。设置好后，单击"完成设置"按钮。

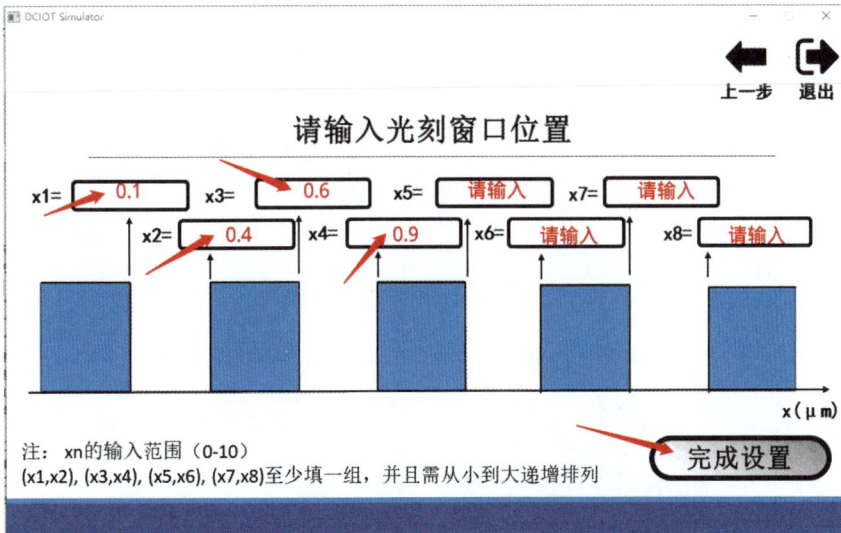

图 2.17　光刻窗口位置设置示意图

（3）根据提示完成连接（如已连接，此步骤可忽略），然后单击 HSLab 软件中的"工艺仿真"按钮，就可以得到光刻后的结果，如图 2.18 所示。从图中可以看到，已经将相关位置的光刻胶去除掉。光刻方法仅对结构有影响，对掺杂没有影响，可以通过光刻控制任意位置的结构。

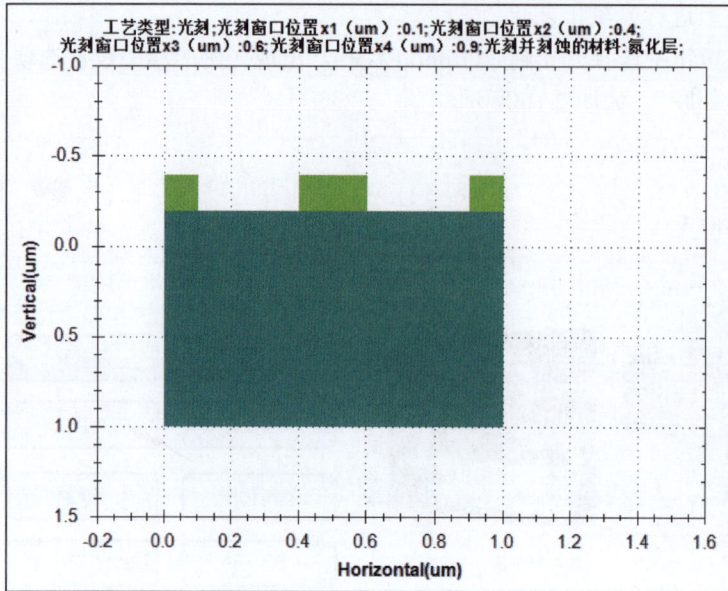

图 2.18　去除选定光刻胶后的实验结果参考图

特别提示：光刻的最小窗口宽度要大于网格步长，比如在上述实验中，X 轴的网格步长为 0.1μm，那么最小的光刻窗口宽度要大于 0.1μm，如果小于或等于这个值，该位置的光刻窗口无法刻蚀掉。这是由于工艺仿真器的最小处理单元就是 1 个网格的宽度。通常，通过增加网格密度就可以解决该问题。

3. 刻蚀工艺

（1）在点亮的按钮中选择"刻蚀"（Etch CMP RIE），出现刻蚀的参数设置选项，刻蚀材料继续选择"氮化层"，如图 2.19 所示。

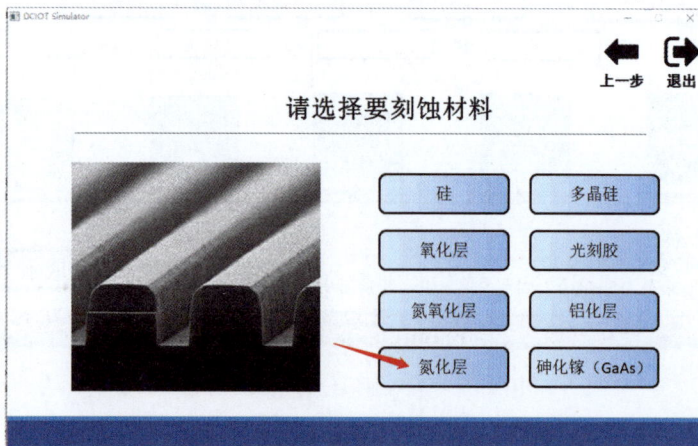

图 2.19　需刻蚀材料的选择设置图

（2）设置刻蚀的厚度为 0.2μm，即把光刻后的氮化层全部刻蚀掉，设置完成后，单击"完成设置"按钮，如图 2.20 所示。

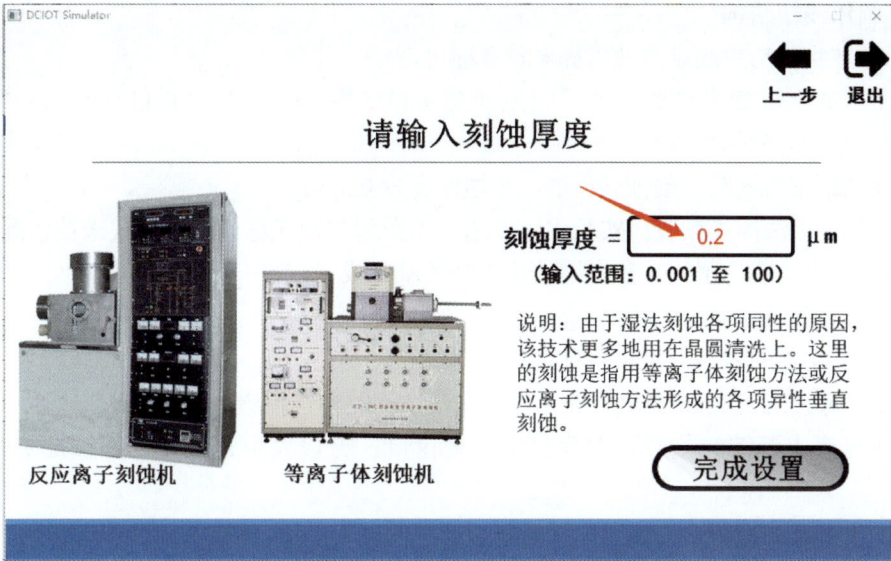

图 2.20　刻蚀厚度参数设置图

（3）根据提示完成连接（如已连接，此步骤可忽略），然后单击 HSLab 软件中的"工艺仿真"按钮，就可以得到刻蚀后的结果，如图 2.21 所示。从图中可以看到，已经将光刻后的氮化层全部刻蚀掉。

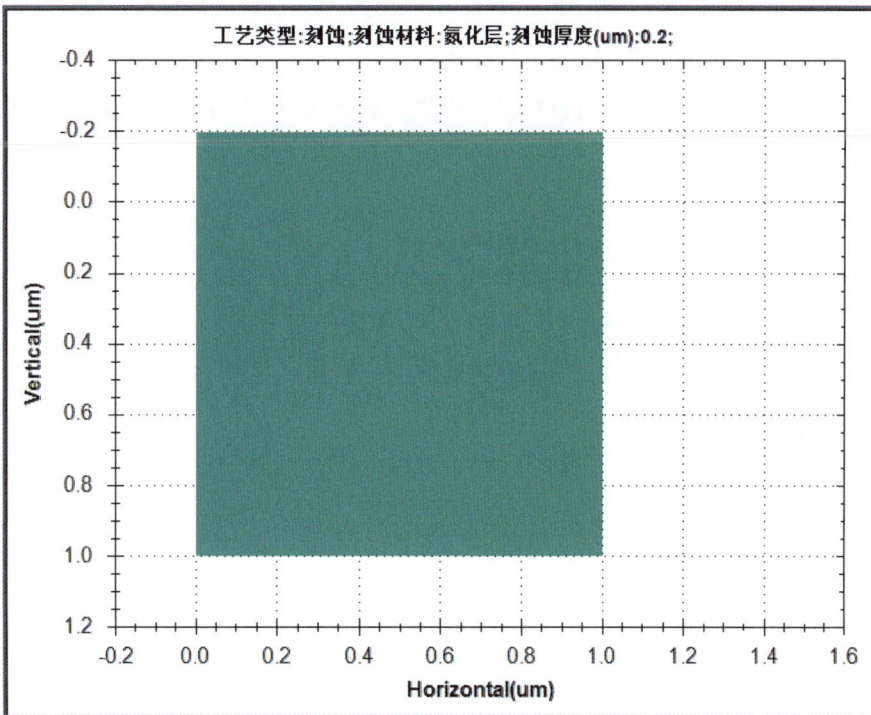

图 2.21　刻蚀后的实验结果参考图

4. 制作沟槽结构

（1）制作浅槽结构

提示：本实验的衬底设置使用标准设置即可。

① 在衬底上沉淀光刻胶，然后设定光刻窗口（窗口大小和位置自行设定）并完成光刻工艺。

② 以光刻胶为掩膜，刻蚀硅材料，刻蚀深度为 0.5μm。

③ 湿法刻蚀洗掉光刻胶。实验中，以选择无图形刻蚀（泛刻）的方式来替代湿法刻蚀，以去除剩余的光刻胶。至此，浅沟槽结构的制备就完成了。

（2）制作深槽结构

提示：本实验的衬底设置使用标准设置即可。

① 在衬底上沉淀 2μm 的氧化硅（作为深槽结构的刻蚀掩膜）。

② 在衬底上沉淀光刻胶，然后设定光刻窗口（窗口大小和位置自行设定）并完成光刻工艺。

③ 以光刻胶为掩膜，刻蚀氧化硅材料，刻蚀深度为 2μm。注意，在虚拟实验中，此步和上一步也可合并为一步，即直接刻蚀相应区域的氧化硅。

④ 以氧化硅为掩膜，刻蚀硅材料，刻蚀深度为 5μm。

⑤ 湿法刻蚀洗掉光刻胶。实验中，同样以选择无图形刻蚀（泛刻）的方式来替代湿法刻蚀，以去除剩余的氧化硅。至此，深沟槽结构的制备就完成了。

2.6　实验结果分析

（1）分析网格设置对光刻、刻蚀工艺的影响。

（2）采用非提示给出的仿真设置和衬底设置，自行设计仿真网格和光刻窗口形状进行实验，并进行数据分析和对比。

2.7　思考题

（1）为什么正胶是普遍使用的光刻胶？

（2）光刻胶显影的目的是什么？

（3）光刻工艺的分辨率和套刻精度有什么区别和联系？

（4）提升光刻分辨率的方法有哪些？

（5）哪些材料可以作为刻蚀掩膜？

（6）列举干法刻蚀和湿法刻蚀（腐蚀）的应用场合。

（7）在刻蚀过程中，如何形成较好的各向异性效果？

2.8　拓展实验

设计一个多级台阶结构的光刻与刻蚀工艺，并进行相应的工艺实验。

实验 3　氧化工艺分析与应用

3.1　实验目的

通过本实验，进一步理解集成电路制造中氧化工艺的原理与流程；使用多功能实验基础平台和半导体参数分析仪完成对氧化类型、氧化时间、氧化温度等关键工艺参数的分析，并使用氧化工艺进行栅氧化层、掩蔽层、硅局部氧化隔离（LOCOS）的制作和分析。

3.2　实验原理

3.2.1　工艺定义

氧化工艺（Oxidation Process）是集成电路制造中的重要工艺，一般是指用热氧化方法在硅片表面形成二氧化硅（SiO_2）的过程。热氧化形成的二氧化硅薄膜具有优越的绝缘性和致密性，因此被广泛用作栅氧化层、离子注入掩蔽层、扩散阻挡层、表面钝化处理、器件保护和隔离（如局部氧化隔离 LOCOS）。

3.2.2　工艺原理

众所周知，硅在空气中会与氧气自然反应生成氧化硅薄膜，但其厚度难以精确控制，且质量很差，在制造过程中需要尽量避免和去除。热氧化工艺在氧气浓度更高的环境中对硅晶圆片进行高温热处理，可以得到高质量的二氧化硅薄膜。根据反应气体的不同，氧化工艺可分为干法氧化（无水蒸气参与，见图 3.1）和湿法氧化（有水蒸气参与，见图 3.2）。

干法氧化反应式：$Si + O_2 \rightarrow SiO_2$

湿法氧化反应式：$Si + 2H_2O（水蒸气）\rightarrow SiO_2 + 2H_2$

在干法氧化工艺中，氧分子以扩散的方式穿过之前已经形成的氧化层，到达 SiO_2/Si 界面，与硅发生反应生成二氧化硅。通过该方法制备的二氧化硅，具有结构致密、厚度均匀、掩蔽能力强、工艺重复性强、与光刻胶黏附性好的优点。但其缺点是生长速率较慢，一般用于高质量的氧化层制备，如栅介质氧化、薄缓冲层氧化。

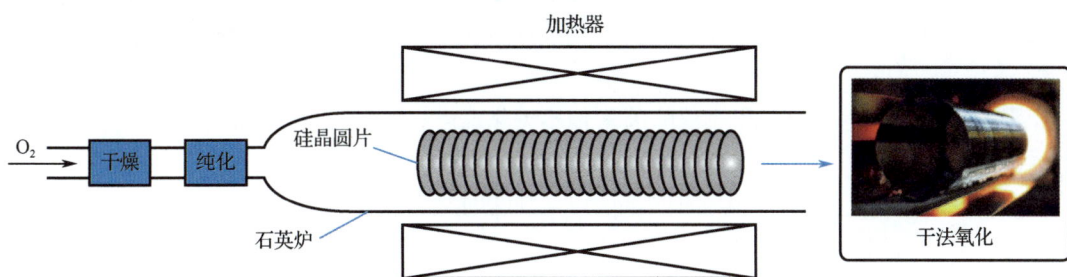

图 3.1　干法氧化系统

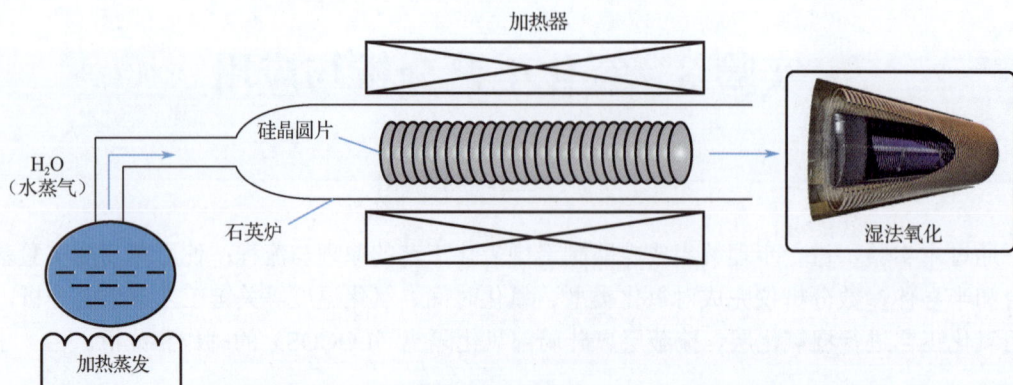

图 3.2　湿法氧化系统

在湿法氧化工艺中，可在氧气中直接携带水蒸气，也可通过氢气和氧气反应得到水蒸气，通过调节氢气或水蒸气与氧气的分压比来改变氧化速率。注意：为确保安全，氢气与氧气的比例不超过 $1.88:1$。由于反应气体中同时存在氧气和水蒸气，而水蒸气在高温下分解为氧化氢（HO），氧化氢在氧化硅中的扩散速率比氧分子快得多。所以，湿法氧化的速率远比干法氧化高出至少一个数量级。

此外，除了传统的干法氧化工艺和湿法氧化工艺，还可在氧气中掺入含氯气体，如氯化氢（HCl）、二氯乙烯或其衍生物，使得氧化速率和氧化层质量均得到提高。在实际生产过程中，通常采取干法氧化和湿法氧化相结合的方式，既避免了前者氧化速率慢的缺点，又保证了二氧化硅表面和 SiO_2/Si 界面的质量。

3.2.3　工艺设备及影响因素

氧化工艺的主要设备为氧化炉。根据炉管构造的不同，氧化炉可进一步分为水平管式反应炉（卧式炉）和垂直管式反应炉（立式炉），但两者的基本工作原理相同。

水平管式反应炉较早应用在氧化工艺中，目前仍然广泛用于加工较小直径的晶圆片，如图 3.3（a）所示。随着晶圆片直径的进一步增大，炉内气体因重力产生了分离倾向。保证炉管内气体处于层流状态（即均匀的、没有气体分离和不均匀反应的湍流）是一个工艺难题。

在垂直管式反应炉中，气体的平行运动及载具的旋转使得气流更加均匀，也进一步加强了工艺均匀度，如图 3.3（b）所示。垂直管式反应炉更适合用于大直径晶圆片的加工，还具备温度控制更严格、升降温速率快和自动化兼容等优点，有助于改善氧化层的均匀性并提高产量。

影响二氧化硅生长速率和质量的因素包括氧化温度、氧化时间、掺杂浓度和气体压强等。

（1）氧化温度

实验表明，氧化速率随温度的升高而增大。通常在实际生产中，氧化温度为 800～1200℃。

（2）氧化时间

热氧化反应发生在 SiO_2/Si 界面处，随着反应的持续进行，界面位置不断向硅的内部推进。当氧化时间很短时，生成的二氧化硅厚度与时间成线性关系。随着时间的增加，氧气热扩散到达 SiO_2/Si 界面处所需的时间加长，因此氧化速率下降。

（a）水平管式反应炉示意图

（b）垂直管式反应炉示意图　　（c）垂直管式反应炉

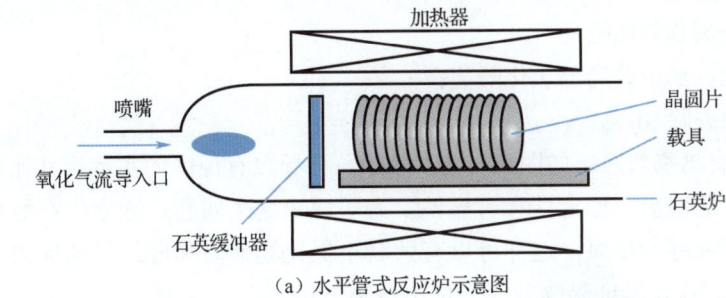

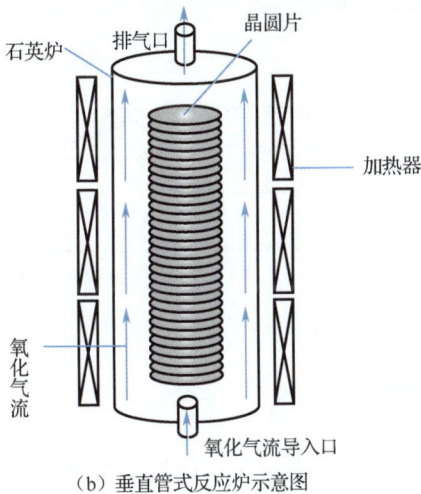

图 3.3　氧化工艺的反应炉

（3）掺杂浓度

Ⅲ-Ⅴ族杂质可以提高氧化剂在二氧化硅中的扩散速率，所以掺杂浓度高的晶圆片的氧化速率高于轻掺杂硅晶圆片。

（4）气体压强

氧化速率与氧化剂运动到 SiO_2/Si 界面的速率有关，而压力可以强迫氧分子更快地通过正在生长的氧化层，所以压力越大氧化速率就越快。需要注意的是，为防止氧化炉外部气体的污染，炉内气体压强需要比大气压稍高些。

3.2.4　具体实践案例

在集成电路制造中，所有的器件都在同一个衬底上，器件之间的有效隔离尤为重要。若器件间的隔离不好，就会出现漏电流，引起直流功耗增加，甚至使得寄生器件导通，导致闩锁效应和电路失效。硅局部氧化（LOCOS）隔离是一种常见的器件隔离工艺，如图 3.4（a）所示。

LOCOS 使用氮化硅（Si_3N_4）作为阻挡层实现硅的选择性氧化，在有源区之间嵌入很厚的氧化物（称为场氧），从而形成器件之间的隔离。利用 LOCOS 工艺可以改善寄生器件和闩锁效应等，其主要的工艺流程包括以下步骤：

（1）生长前置氧化层，以缓冲 Si_3N_4 层对衬底的应力；

（2）生长 Si_3N_4，作为场区氧化的阻挡层；

（3）有源区光刻和刻蚀处理；

（4）场氧氧化，形成硅局部氧化隔离；

（5）湿法刻蚀去除 Si_3N_4。

LOCOS 工艺有鸟嘴效应，如图 3.4（b）所示，会导致有源区的实际尺寸比原先定义的区域要小，影响器件的性能、稳定性和可靠性。为了解决这个问题，通常会在氮化物和硅之间生长一个薄氧化层，称为垫氧，这样可以有效减小氮化物掩膜和硅之间的应力。本实验将进行 LOCOS 工艺的制作，验证鸟嘴效应并提出改善方案。

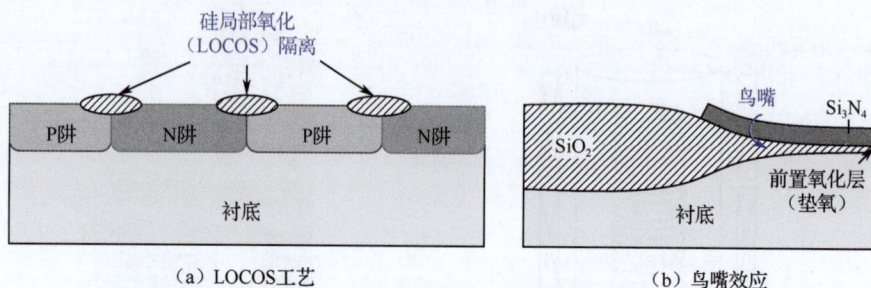

图 3.4　LOCOS 工艺与鸟嘴效应示意图

3.3　实验内容

氧化工艺是微电子工艺的重要单步工艺之一。本实验通过对氧化类型、氧化时间和氧化温度等关键参数的分析，使学生熟悉氧化工艺原理，并进一步将氧化工艺应用于栅氧化层、掩蔽层和硅局部氧化（LOCOS）隔离的制作。实验内容包括以下几项：

（1）对比干法氧化和湿法氧化的氧化效果；

（2）对比不同氧化时间的氧化效果；

（3）对比不同氧化温度的氧化效果；

（4）应用氧化技术生成指定厚度的栅氧化层或掩蔽层；

（5）应用氧化技术进行硅局部氧化隔离。

3.4　主要仪器设备

此部分内容可参照实验 1 的 1.4 节。

3.5　操作方法与实验步骤

3.5.1　基础准备工作

此部分内容可参照实验 1 的 1.5.1 节。

3.5.2　实验过程及提示

根据已经学到的知识，并按照氧化工艺分析与应用实验流程的提示，学生可自行设计并完成实验内容。

一些常用功能可参考实验 2 的 2.5.2 节。

1. 基础仿真设置和衬底设置

衬底大小为 1μm×1μm，衬底的网格划分如下。

X 轴：采用宽度适中的 0.1μm 网格划分。

Y 轴：需要在衬底表面（$y=0$）增加仿真点数，从而提高仿真精度；在远离衬底表面的区域适当降低仿真点数，从而获得更快的仿真速度。

具体网格设置如图 3.5 和图 3.6 所示。

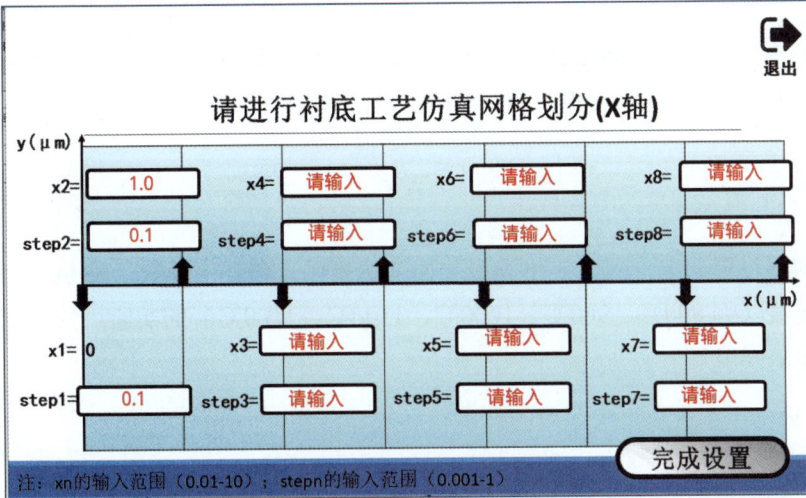

图 3.5　X 轴方向的网格设置

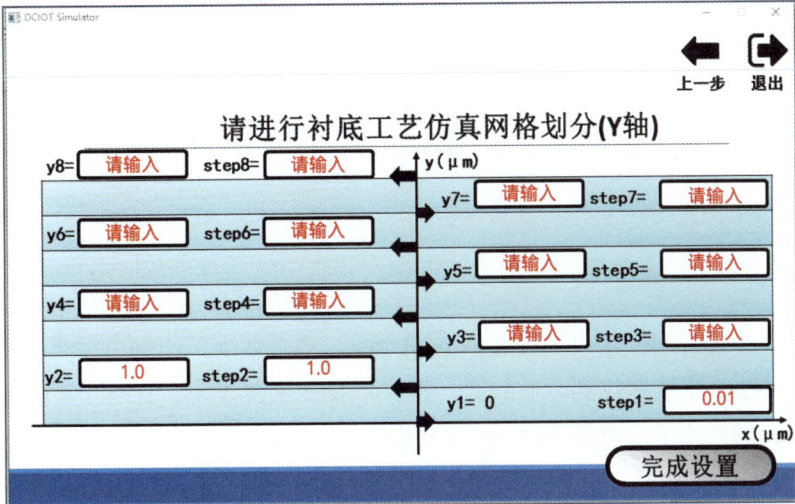

图 3.6　Y 轴方向的网格设置

其他设置均为常规设置，具体设置如下。

① 工艺网格稠密度：5 度。

② 衬底材料：硅。

③ 初始掺杂杂质：硼。

④ 初始掺杂浓度：$1\times10^{13}\mathrm{cm}^{-3}$。

⑤ 衬底晶向：<100>。

2. 对比干法氧化和湿法氧化的氧化效果

提示：可以使用上述的网格设置，固定氧化时间（如 60 分钟）和氧化温度（如 1000℃），分别进行干法氧化和湿法氧化实验，并对比干法氧化和湿法氧化得到的氧化层厚度。

3. 对比不同氧化时间的氧化效果

提示：网格设置同上，固定氧化类型（如干法氧化）和氧化温度（如 1000℃），分别进行不同氧化时间（如 30 分钟、50 分钟、70 分钟、90 分钟）的实验，并对比不同氧化时间得到的氧化层厚度。

4. 对比不同氧化温度的氧化效果

提示：网格设置同上，固定氧化类型（如干法氧化）和氧化时间（如 60 分钟），分别进行不同氧化温度（如 800℃、900℃、1000℃、1100℃、1200℃）的实验，并对比不同氧化温度得到的氧化层厚度。

5. 应用氧化技术生成指定厚度的栅氧化层或掩蔽层

通过调节氧化参数，生成如表 3.1 所示的氧化层厚度，并将参数记录到实验报告中。

表 3.1　氧化工艺设计目标列表

栅氧化层厚度	掩蔽层厚度
5nm	0.05μm
10nm	0.1μm
15nm	0.3μm
20nm	0.5μm
25nm	0.8μm
30nm	1μm

提示：在这个过程中，建议使用数据回溯功能，提高效率。同时，需要使用一些数值分析技巧（如二分法）来快速找到合适的解，建议不要盲目尝试。下面举例来说明：

比如，要找到氧化层厚度为 0.05μm 的工艺条件。

在前述实验中，已经获得了一些氧化层厚度的结果，可以找到两个离 0.05μm 厚度最近的设置，分别是：

• 干法氧化，50 分钟，1000℃时，氧化层厚度为 0.0482127μm

• 干法氧化，70 分钟，1000℃时，氧化层厚度为 0.059139μm

将这两个数据点作图，通过线性插值法可以推算出当氧化时间为 53.27 分钟时，氧化层厚度为 0.05μm，如图 3.7 所示。

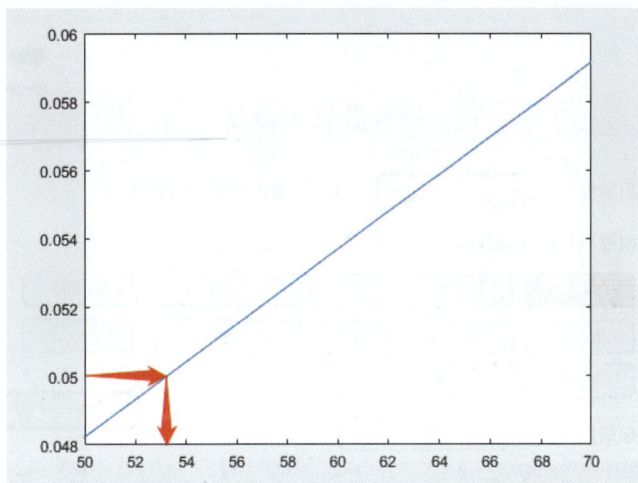

图 3.7　线性插值法获取氧化工艺参数

使用该设置进行仿真，可以得到氧化层的厚度为 0.0498561μm，与需要的 0.05μm 已经十分接近了。

可以继续基于新的结果，通过二分法和线性插值法找到更加精确的工艺参数。由于氧化时间较短时，氧化硅厚度与时间成线性关系，因此可以用线性近似，故基于这种方法可以快速迭代出最终的结果，后续过程就不再赘述了。

6. 应用氧化技术进行硅局部氧化隔离

（1）淀积 0.1μm 的氮化层作为掩蔽层（提示：① 淀积技术将在接下来的实验中进行讲解，这里给出淀积方法，直接使用即可；② 软件中同时有"淀积"和"沉积"说法，本书中统一用"淀积"）。在完成衬底设置后，在点亮的按钮中选择"淀积"（Deposit PVD CVD），之后选择淀积材料为"氮化层"，然后设置淀积厚度为 0.1μm，不进行掺杂，最后单击"完成设置"按钮，如图 3.8 所示。

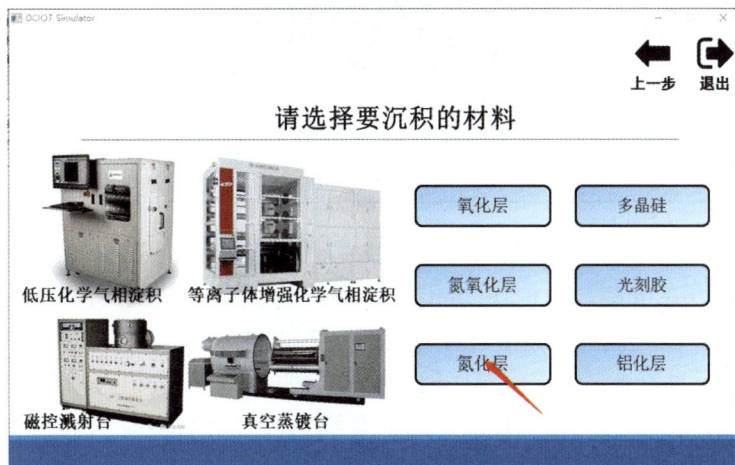

（a）选取淀积材料

图 3.8　淀积工艺操作示意图

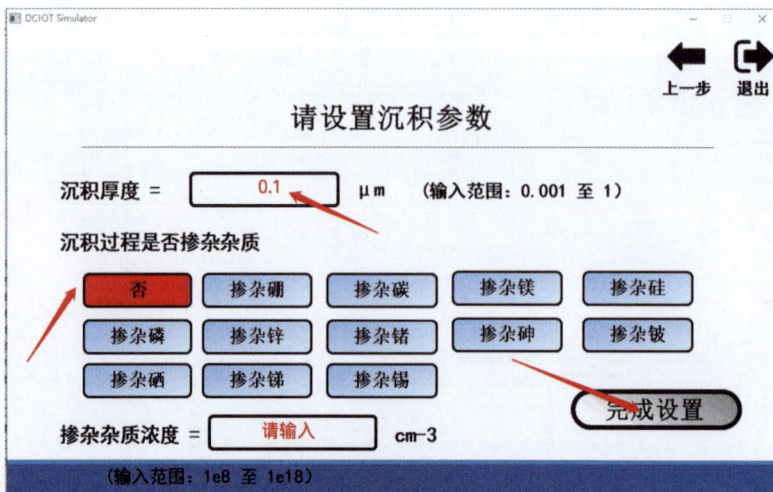

（b）设置淀积参数

图 3.8　淀积工艺操作示意图（续）

（2）根据提示完成连接（如已连接，此步骤可忽略），然后单击 HSLab 软件中的"工艺仿真"按钮，就可以得到淀积的氮化层，如图 3.9 所示。

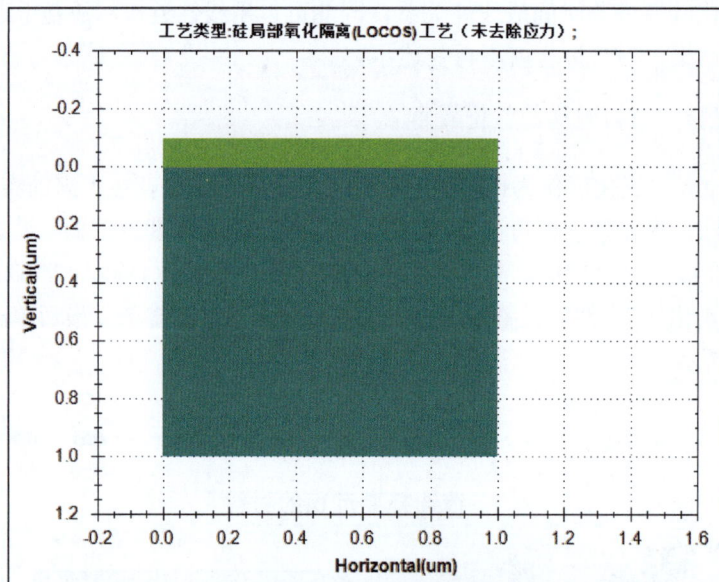

图 3.9　淀积工艺结果参考图

（3）进行掩蔽层的光刻。将 0～0.5μm 处刻蚀掉，作为局部氧化的位置，故光刻参数应该为：x1=0，x2=0.5。在点亮的按钮中选择"光刻"（Litho EUV），之后选择光刻并刻蚀的材料为"氮化层"，然后设置光刻窗口位置，最后单击"完成设置"按钮，如图 3.10 所示。

（4）根据提示完成连接（如已连接，此步骤可忽略），然后单击 HSLab 软件中的"工艺仿真"按钮，就可以得到光刻后的氮化层，如图 3.11 所示。

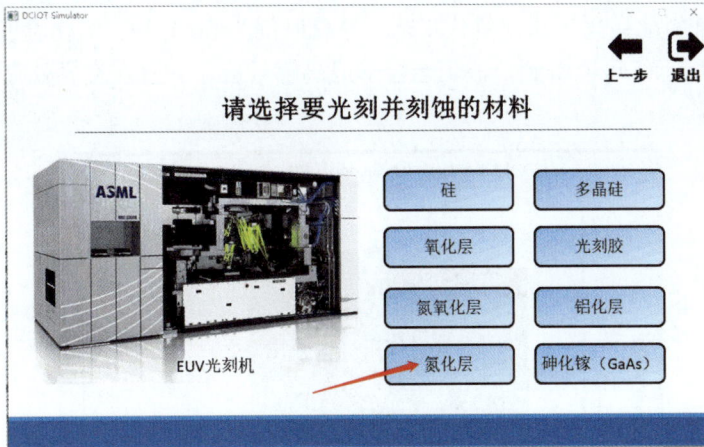

（a）选取刻蚀材料

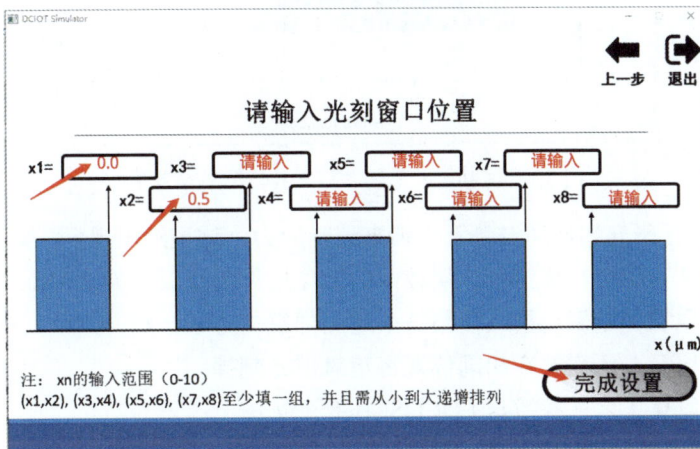

（b）设置光刻窗口

图 3.10　光刻工艺操作示意图

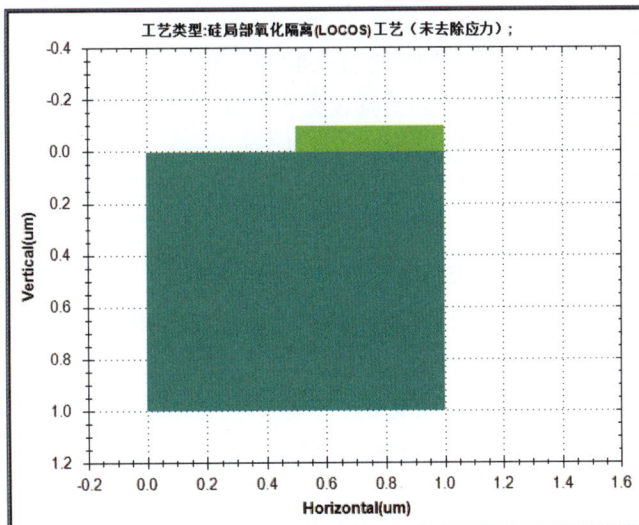

图 3.11　LOCOS 工艺之前的实验结果参考图

（5）进行局部氧化：采用湿法氧化工艺，氧化时间为 50 分钟，氧化温度为 900℃，氧化的结果如图 3.12 所示。可以看到，该工艺会形成鸟嘴效应，并且在交界处存在较大的应力，导致氧化结构变形。

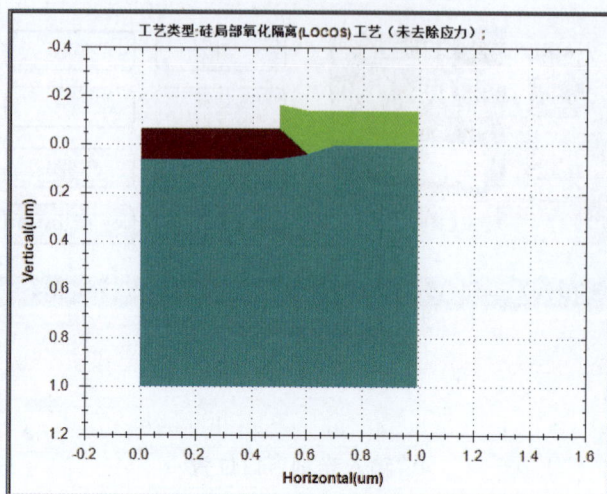

图 3.12　LOCOS 工艺之后的实验结果参考图

（6）读者可自行研究如何通过垫氧工艺来消除应力，这里给出提示：

① 在上述工艺开始前，需淀积一层较薄的氧化层作为垫氧（如 0.02μm）；

② 淀积氮化层和光刻氮化层（参数与上述局部氧化方法一致）；

③ 光刻氮化层后，还需要在相同位置将垫氧层光刻掉；

④ 进行局部氧化工艺（参数与 LOCOS 工艺一致）。

3.6　实验结果分析

（1）采用一维数据提取功能、数据画图对比分析功能进行详细的理论分析和数据对比（比如分析 LOCOS 应力问题）。

（2）改变 LOCOS 工艺相关设置参数进行实验和分析。

（3）采用非提示给出的器件大小、仿真设置和衬底设置，自行设计器件大小和结构、仿真网格和衬底进行实验，并进行数据分析和对比。

3.7　思考题

（1）列举二氧化硅薄膜的基本用途。

（2）描述热氧化机制，并总结干法氧化和湿法氧化的区别。

（3）了解和识别氧化反应炉的基本结构组成。

（4）描述氧化物生长的过程，总结有哪些参数影响氧化速率。

（5）解释 LOCOS 工艺及其实现的步骤。鸟嘴效应是什么？它的缺点和改善方案是什么？

3.8　拓展实验

设计一个含氯气体的氧化工艺实验，并与纯氧氧化做对比。

实验 4　离子注入工艺分析与应用

4.1　实验目的

通过本实验，进一步理解集成电路制造中离子注入工艺的原理与流程；使用多功能实验基础平台和半导体参数分析仪完成对注入离子类型、注入剂量、注入能量等关键参数的分析，并应用离子注入实现倒掺杂阱的制作和分析。

4.2　实验原理

4.2.1　工艺定义

离子注入（Ion Implantation）是指通过高能离子束注入晶圆表层内形成掺杂区域，从而改变材料的掺杂类型或电导率等电学性质。离子注入适用于各种半导体器件的制备和工艺优化，极大地促进了集成电路的发展，是目前应用最广泛的掺杂工艺。

4.2.2　工艺原理

原子或分子经过离子化后带有一定的电荷并形成等离子体，等离子体通过加速器成为高能离子束且射入晶圆内，并与晶圆中的原子或分子发生碰撞而逐步损失能量。当能量耗尽后，入射离子就会停留在晶圆中的某个位置上，从而达到掺杂的目的，如图 4.1 所示。

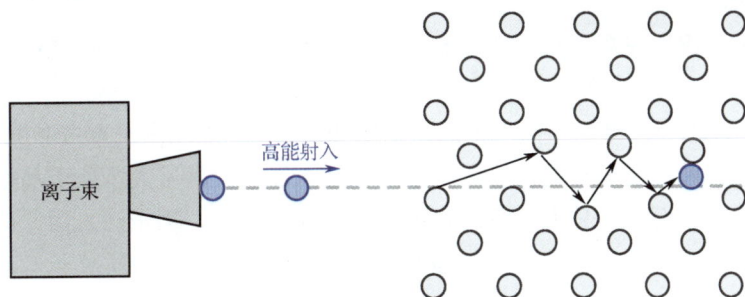

图 4.1　离子注入与晶圆原子产生碰撞

可以通过调节离子注入的能量和剂量来调控掺杂区域的深度和浓度，从而实现预期的掺杂分布和特性。离子注入的掺杂浓度分布一般呈现出高斯分布的特征，如图 4.2 所示。可以看到，浓度峰值不是在表面，而是在距离表面一定的深度。

如果要实现更加均匀的掺杂分布，或者满足特殊要求的掺杂分布，可以采用多次离子注入的方式，如图 4.3 所示。即通过不同能量和剂量的组合进行离子注入，形成不同的高斯分布，最终叠加成所需的目标掺杂分布。

与传统通过热扩散进行掺杂的方式相比，离子注入有许多优点，包括以下几个方面。

（1）精确控制掺杂浓度

通过调节注入离子的剂量，离子注入可以较好地控制注入杂质的浓度（误差在±2%之间）。

相比之下，热扩散在掺杂浓度高的情况下的误差为 5%～10%，在低掺杂浓度情况下误差更大。

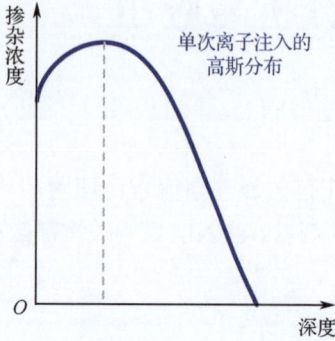

图 4.2　单次离子注入的掺杂浓度分布

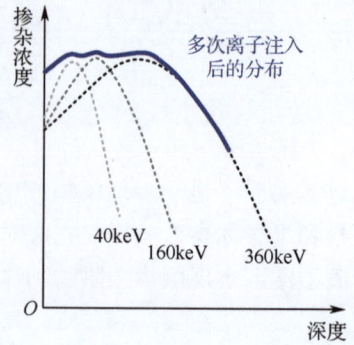

图 4.3　多次离子注入的掺杂浓度分布

（2）精确控制注入深度

通过调节离子注入的入射能量，离子注入可以较好地控制杂质在半导体内的穿透深度，形成内部高于表面的浓度分布，适用于埋层和倒掺杂阱的应用场合。

（3）杂质均匀性和单一性

离子注入用扫描的方法在晶圆上进行多次注入，在较大面积上可形成均匀掺杂。此外，所掺杂质是通过分析器单一分选出来的，可避免混入其他杂质。

（4）低温工艺

离子注入可在较低温度下进行，避免因高温产生的负面影响，同时也允许使用包括光刻胶在内的多种注入掩膜。

（5）设计灵活

注入杂质的浓度不受浓度极限的限制，横向扩散小，杂质可以穿过薄膜注入（如氧化物或氮化物），易于实现自动化操作，可应用于不同类型和尺寸的晶圆等。

但是，离子注入会在半导体内产生晶格缺陷和损伤。当高能离子轰击晶圆内的硅原子时，发生能量转移，使硅原子离开格点位置，同时，注入后杂质离子大多处于晶格的间隙位置，没有替代硅原子，从而产生晶格损伤，如图 4.4 所示。因此，离子注入后一般要经过高温退火过程，用以修复离子注入导致的晶格损伤。同时，退火可以使杂质离子运动到晶格位置，具有电活性（即被激活），从而产生自由移动的载流子。

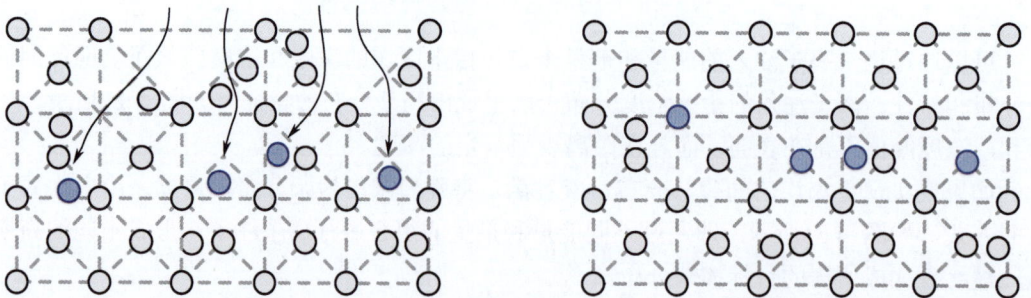

（a）离子注入造成的晶格损伤

（b）退火后的晶格结构

图 4.4　退火前后比较

4.2.3　工艺设备及影响因素

离子注入的主要设备是离子注入机，如图 4.5 所示。离子注入机主要包括离子源（通过对气态/固态的化合物进行加热或电离，产生等离子体）、分析器（将所需离子从离子源中分离出来，获得单一离子束）、加速器（利用电场或磁场的作用，控制离子的速度和能量）、工艺腔（也称靶室，室内安装晶圆的晶座可以根据需要进行旋转）和扫描盘等。

（a）设备实物图

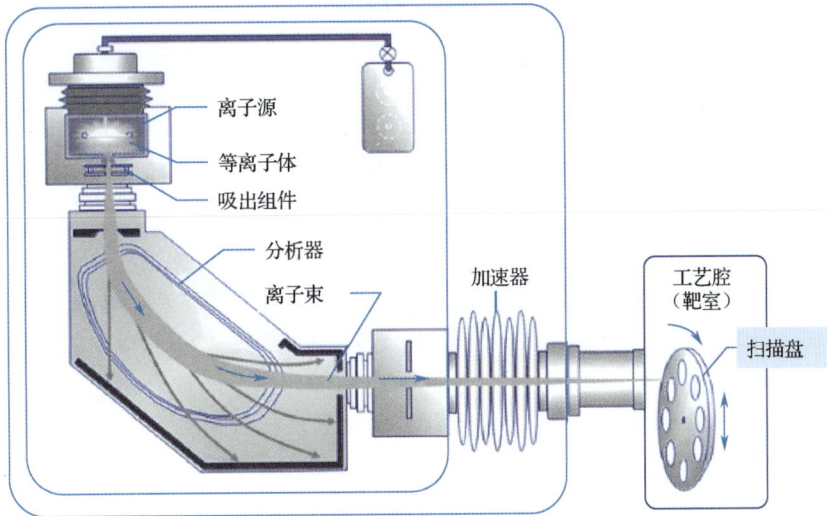

（b）原理示意图

图 4.5　离子注入机

离子注入的主要工艺参数是注入离子类型、注入剂量、注入能量和注入角度等。为了实现预期的掺杂目标，要对以上参数进行设计，其中剂量决定了最终的浓度，而能量决定了离子注入的深度。

1. 离子类型

根据半导体内掺入杂质的类型不同，注入离子可分为 P 型和 N 型两大类。

P 型掺杂离子通常为硼离子、铝离子或其他正价离子。杂质离子取代原晶体结构中的原子并形成共价键时，因缺少最外层的一个价电子而形成空穴，于是半导体中的空穴数量大大增加，形成 P 型掺杂区。

N 型掺杂离子通常为氮离子、磷离子或其他负价离子。杂质离子取代原晶体结构中的原子并形成共价键时，多余的一个价电子很容易摆脱原子核的束缚而成为自由电子，于是半导体中的自由电子数量大大增加，形成 N 型掺杂区。

2. 注入剂量

注入剂量是单位面积晶圆表面注入的离子数（范围一般为 $10^{12} \sim 10^{16} \mathrm{cm}^{-2}$），即注入浓度对深度的积分。在实际注入过程中，可通过改变离子束电流（I）和注入时间（t）来调节实际注入剂量（Q），即

$$Q = \frac{It}{qnA} \tag{4.1}$$

其中，q、n、A 分别指电子电荷、离子电荷和注入面积。通常，离子束电流是注入剂量的一个关键变量。如果电流增加，单位时间内注入的杂质离子数量也会增加，这就意味着更高的剂量（和浓度）。所以，大电流有利于提高离子注入的生产效率，但也会带来均匀性问题。

3. 注入能量

当离子束在加速器中进行加速后，就获得了一定的能量（范围一般为 10keV～1MeV），从而可以射入晶圆中。能量的大小可以通过控制注入离子的加速电压来调节，从而影响离子在晶圆中的注入深度。

离子射程 R 是指离子在注入过程中，从表面到停止所经过的总路程。总的来说，离子注入机的能量越高，意味着入射离子可以更深地穿入晶圆内部，离子射程也就越大。

投影射程 R_P 则是指离子射程在入射方向上的投影距离，如图 4.6 所示。需要注意的是，并非所有离子都恰好停止在投影射程上，有的射程较近些，有的射程较远些，还有的会发生横向移动。综合所有粒子的运动，就产生了注入离子的杂质分布。

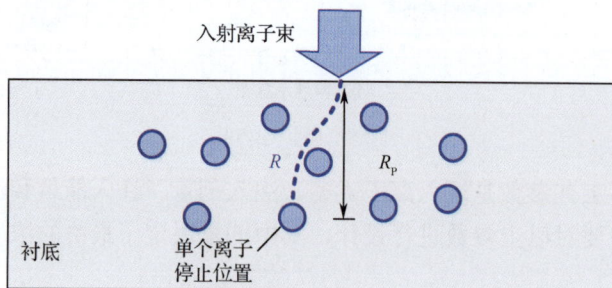

图 4.6　杂质离子的射程和投影射程

4. 注入角度

离子注入的角度是指注入离子束与晶圆表面法线的夹角（范围为-90°～90°），如图 4.7 所示。注入角度也会影响实际的注入效果。如前所述，离子从不同角度注入后，会与晶圆中的原子发生碰撞和位移，从而造成不一样的（投影）射程和浓度分布。

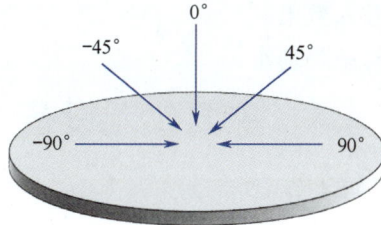

图 4.7　注入角度示意图

对于特殊的工艺要求如侧壁注入，注入角度需要有针对性的设计，并适时调整注入剂量和能量。需要注意的是，即便无特殊要求，离子注入的方向与晶圆之间也不是垂直的（即 0° 注入），而是偏离晶轴一定的角度（通常为 7°～10°），以抑制隧道效应，否则对准主要晶向的入射离子的射程可以比在非晶硅靶中大得多。

4.2.4　具体实践案例

先进的集成电路制造需要不同的掺杂区域，因此对离子注入的要求也多种多样。离子注入通常应用于倒掺杂阱、深埋层、穿通阻挡层、轻掺杂漏（LDD）、源漏注入、多晶硅栅、沟道电容层、超浅结等实际工艺中。此处将以制作倒掺杂阱为具体案例，进一步熟悉离子注入工艺。

所谓倒掺杂阱，是指形成表面轻浓度、内部重浓度的掺杂阱区，如图 4.8 所示。一般先高能量大剂量注入离子到所需的深度，再低能量小剂量注入离子到接近表面处，最后进行退火。这样做的好处是阱区的掺杂深度和浓度可以实现精细调控，离子浓度最高的地方不是在表面，横向扩散比较小。

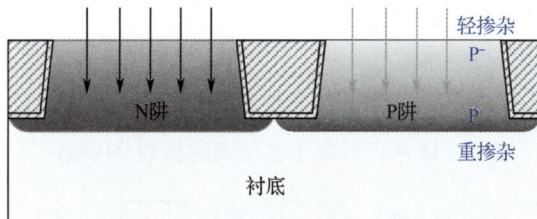

图 4.8　CMOS 中倒掺杂阱示意图

倒掺杂阱的峰值浓度出现在内部，而高掺杂浓度可以降低阱的等效电阻，从而减小压降，防止 PN 结导通并抑制闩锁效应的发生。另外，掺杂浓度高的阱区也可以减小漏端与衬底之间的耗尽区宽度，能够有效解决漏源穿通引起的漏电问题，进而改善漏致势垒降低（DIBL）效应。

4.3　实验内容

离子注入是微电子工艺课程所需要学习的重要单步工艺之一。本实验通过对注入离子类型、注入剂量和注入能量等关键参数的分析，使学生熟悉离子注入的原理和流程，并将离子注入工艺应用于倒掺杂阱的制作。实验内容包括以下几项：

（1）对比不同注入离子类型的注入效果；

（2）对比不同注入剂量的注入效果；

（3）对比不同注入能量的注入效果；

（4）对比不同注入角度的注入效果；

（5）应用离子注入进行倒掺杂阱制作。

4.4　主要仪器设备

此部分内容可参照实验 1 的 1.4 节。

4.5　操作方法与实验步骤

4.5.1　基础准备工作

此部分内容可参照实验 1 的 1.5.1 节。

4.5.2　实验过程及提示

根据已经学到的知识，并根据离子注入工艺分析与应用实验流程的提示，读者可自行设计并完成本实验内容。

一些常用功能可参考实验 2 的 2.5.2 节。

1. 基础仿真设置和衬底设置

衬底大小为 X 轴方向 1μm，Y 轴方向 2μm，衬底的网格划分如下。

X 轴：采用常规的网格步长 0.1μm。

Y 轴：由于要注入不同深度的离子，所以保持表面和底面的步长一致，均为 0.05μm。

具体网格设置如图 4.9 和 4.10 所示。

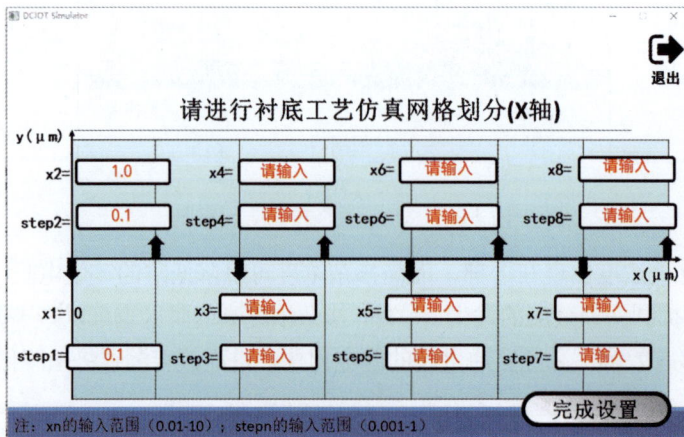

图 4.9　X 轴方向的网格设置

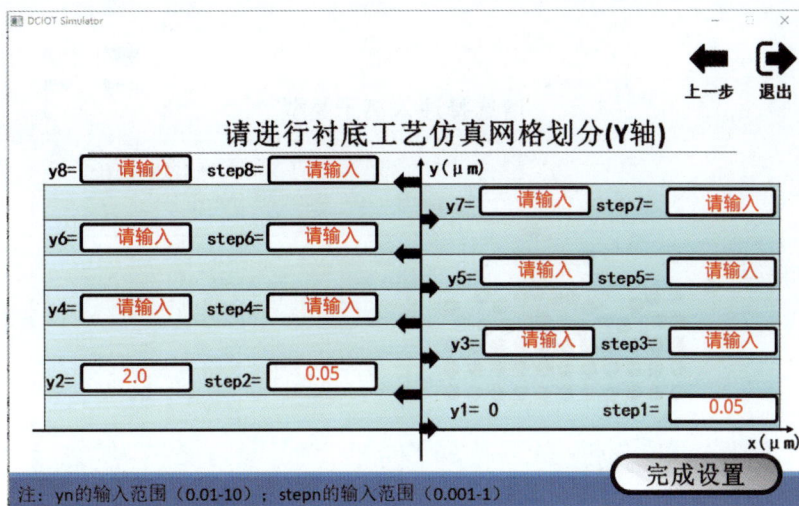

图 4.10　Y 轴方向的网格设置

衬底选择高阻状态（掺杂浓度为 $1×10^8 cm^{-3}$），衬底材料和初始掺杂杂质根据实验内容提示来设置，其他均为常规设置，具体设置如下。

① 工艺网格稠密度：5 度。

② 衬底材料：硅或砷化镓。

③ 初始掺杂杂质：硼等 10 种离子类型。

④ 初始掺杂浓度：$1×10^8 cm^{-3}$。

⑤ 衬底晶向：<100>。

2. 对比不同注入离子类型的注入效果

注入的离子类型包括：IIA 族的铍、镁；IIIA 族的硼；IVA 族的碳、硅、锗；VA 族的磷、砷、锑；VIA 族的硒。

提示：针对不同的掺杂离子类型，衬底也有所不同。硅衬底主要掺杂 IIIA 族和 VA 族元素，在本实验中主要是 IIIA 族的硼；VA 族的磷、砷、锑。砷化镓衬底主要掺杂 IIA 族、IVA 族和 VIA 族元素，在本实验中主要是 IIA 族的铍、镁；IVA 族的碳、硅、锗；VIA 族的硒。在选择离子类型时，同步选择合适的衬底。

下面以硅衬底掺杂硼为例进行说明。

（1）根据前面的提示设置初始晶圆衬底情况，其中，衬底材料选择为硅、初始衬底掺杂杂质选择为硼。

晶圆衬底设置好后，在点亮的按钮中选择"离子注入"（Implant），出现注入离子类型的设置选项，选择注入离子类型为"硼"，如图 4.11 所示。

（2）设置离子注入的其他参数，注入剂量为 $1×10^{14} cm^{-2}$，注入能量为 100keV，注入角度为 0°（代表垂直注入），设置好后，单击"完成设置"按钮，如图 4.12 所示。

（3）根据提示完成连接（如已连接，此步骤可忽略），然后单击 HSLab 软件中的"工艺仿真"按钮，就可以得到硼的离子注入结果，如图 4.13 所示。

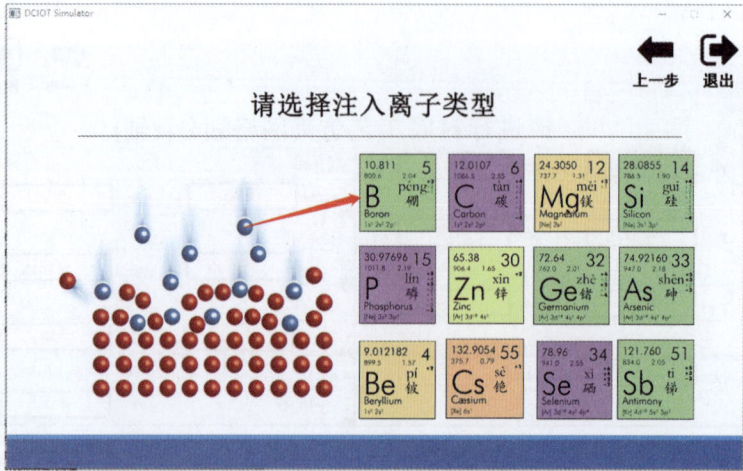

图 4.11　选择注入离子类型操作示意图

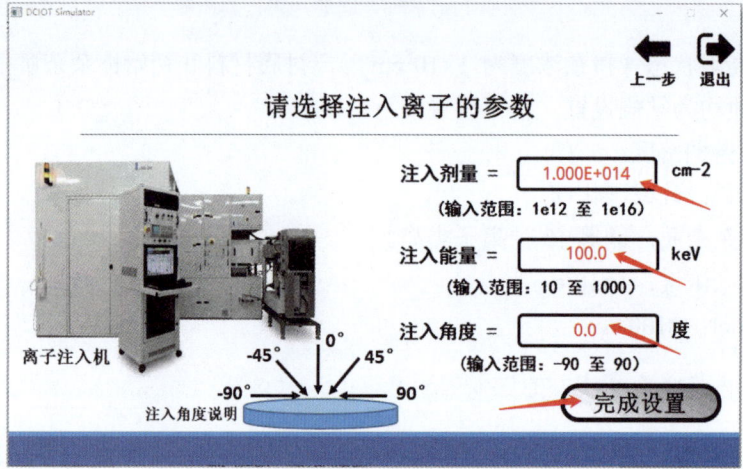

图 4.12　离子注入参数设置操作示意图

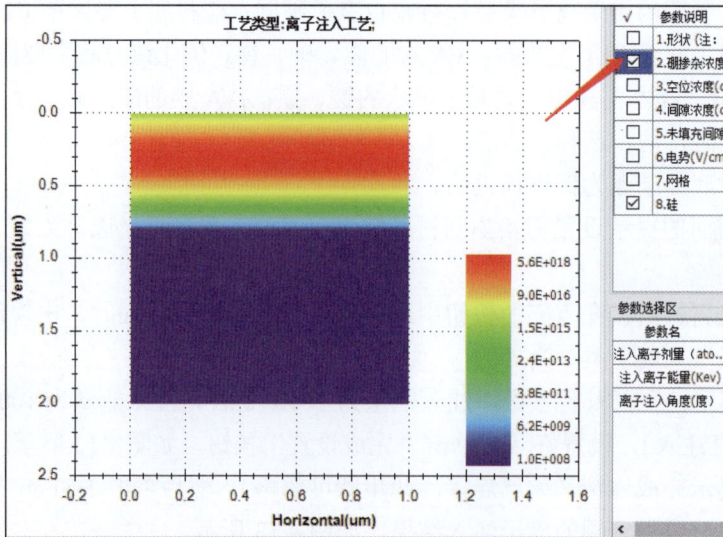

图 4.13　硼离子注入实验结果参考图

如图 4.14 所示，通过硼的一维数据提取，可以查看离子注入的一维分布。

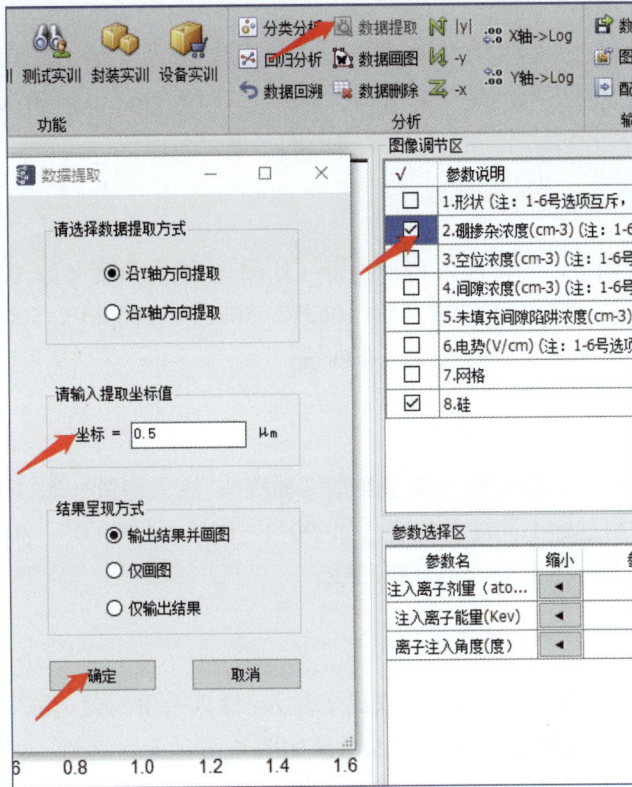

图 4.14　硼离子注入掺杂浓度提取操作示意图

一维分布的结果展示在图 4.15 中，可以通过图中所示的"Y 轴→Lin"按钮切换 Y 轴为 Log 坐标显示或 Lin（线性）坐标显示。

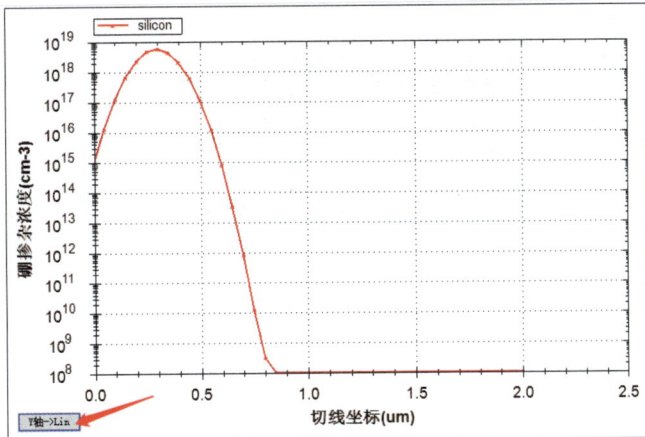

图 4.15　硼离子注入掺杂浓度提取结果

（4）逐一尝试注入各种离子（注入剂量均为 $1×10^{14}cm^{-2}$，注入能量均为 100keV，注入角度均为 0°），并利用数据提取功能将注入的一维分布结果提取出来，最后通过数据画图功能对各个注入离子类型进行对比，此过程请读者自行完成。

3. 对比不同注入剂量的注入效果

提示：网格设置同上，固定注入离子类型（如硼）、注入角度（如 0°）和注入能量（如 100keV），分别进行不同注入剂量（如 $1×10^{12}cm^{-2}$、$1×10^{13}cm^{-2}$、$1×10^{14}cm^{-2}$、$1×10^{15}cm^{-2}$、$1×10^{16}cm^{-2}$）的实验，并对比不同注入剂量得到的一维分布曲线。

4. 对比不同注入能量的注入效果

提示：网格设置同上，固定注入离子类型（如硼）、注入角度（如 0°）和注入剂量（如 $1×10^{14}cm^{-2}$），分别进行不同注入能量（如 10keV、50keV、100keV、500keV、1000keV）的实验，并对比不同注入能量得到的一维分布曲线。

5. 对比不同注入角度的注入效果

提示：网格设置同上，固定注入离子类型（如硼）、注入能量（如 100keV）和注入剂量（如 $1×10^{14}cm^{-2}$），分别进行不同注入角度（如−90°、−60°、−30°、0°、30°、60°、90°）的实验，并对比不同注入角度得到的一维分布曲线。

6. 应用离子注入技术进行倒掺杂阱制作

（1）根据实验原理的介绍，进行第一次离子注入：注入杂质为硼，注入剂量为 $1×10^{14}cm^{-2}$，注入能量为 400keV，注入角度为 0°，注入结果如图 4.16 所示。

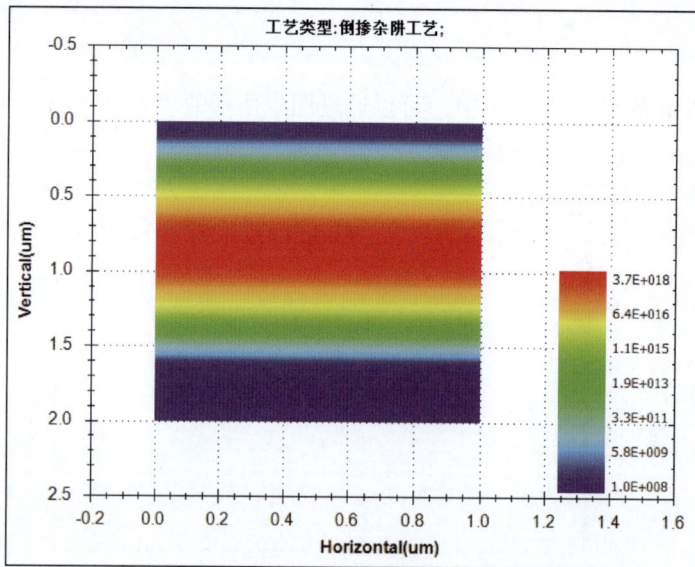

图 4.16　倒掺杂阱第一次离子注入结果示意图

（2）继续分多次进行离子注入，注入杂质均为硼，注入角度均为 0°，注入剂量和能量依次为：

① 注入剂量 $5×10^{13}cm^{-2}$，能量 300keV；

② 注入剂量 $1×10^{13}cm^{-2}$，能量 200keV；

③ 注入剂量 $5×10^{12}cm^{-2}$，能量 100keV；

④ 注入剂量 $1×10^{12}cm^{-2}$，能量 10keV。

依次将上述掺杂过程的数据逐一进行提取，并通过数据画图功能进行数据对比分析，此过程请读者自行完成。

4.6　实验结果分析

（1）采用一维数据提取功能、数据画图功能进行详细的理论分析和数据对比（比如倒掺杂阱制作时逐次离子注入效果的不同）。

（2）在具有一定光刻结构的晶圆上进行注入角度的区别实验，分析注入角度不同对于离子注入的影响，比如采用实验 3 中的 LOCOS 工艺结构。

（3）采用非提示给出的器件大小、仿真设置和衬底设置，自行设计器件大小和结构、仿真网格和衬底进行实验，并进行数据分析和对比。

4.7　思考题

（1）简要描述离子注入工艺原理。

（2）列举离子注入工艺主要的优点与缺点。

（3）相同注入能量下，不同类型的离子注入深度会不同，解释这种现象。

（4）在离子注入时，一般要将入射方向偏离晶面一定的角度，详细解释这样设定的原因。

（5）思考并列举倒掺杂阱的应用场合。

4.8　拓展实验

（1）设计一个以离子注入工艺实现的轻掺杂漏（LDD），并进行相应的工艺实验。

（2）设计一个均匀分布的 N 型杂质离子注入实验，其中，P 型衬底初始浓度为 $1×10^{13}cm^{-3}$，注入峰值浓度为 $1×10^{18}cm^{-3}$，深度为 0.2μm。

实验 5 扩散和退火工艺分析与应用

5.1 实验目的

通过本实验，进一步理解集成电路制造中扩散和退火工艺的原理与流程；使用多功能实验基础平台和半导体参数分析仪完成对扩散工艺中的杂质源类型、扩散时间、扩散温度、掺杂浓度等参数的分析，以及对退火工艺中的退火时间、退火温度等参数的分析；对比退火工艺与氧化增强扩散的异同，并进行倒掺杂阱工艺中的退火处理。

5.2 实验原理

5.2.1 工艺定义

扩散工艺（Diffusion Process）是集成电路制造中的一种常见的掺杂技术，在 20 世纪 70 年代之前曾作为主要掺杂方法被广泛应用。该工艺利用物质的扩散性质，驱动杂质原子向衬底硅片内部移动，实现半导体定域、定量的掺杂。扩散掺杂的设备简单、成本较低，但难以精确控制掺杂浓度分布和结深。

5.2.2 工艺原理

扩散是微观粒子的一个基本性质，描述了一种物质在另一种物质中的运动情况。一般在高温驱动下，微观粒子从其浓度高的地方向浓度低的地方进行扩散，并逐步使浓度分布趋于均匀。因此，扩散必须同时具备两个条件：一是扩散的粒子需存在浓度梯度，即在一种材料的浓度必须高于另一种材料的浓度；二是扩散需在高温下进行，高温能够激活晶体结构中的空位和缺陷，促进粒子向另一种材料扩散，因此扩散掺杂也被称为热扩散。

通过扩散工艺，将不同掺杂原子扩散到半导体中，从而改变半导体的电导率和其他物理特性，如图 5.1 所示。例如，在硅中扩散掺入三价元素硼（B），就形成了 P 型半导体；掺入五价元素磷（P）或砷（As），就形成 N 型半导体。具有较多空穴的 P 型半导体与具有较多电子的 N 型半导体相接触，就构成了 PN 结。

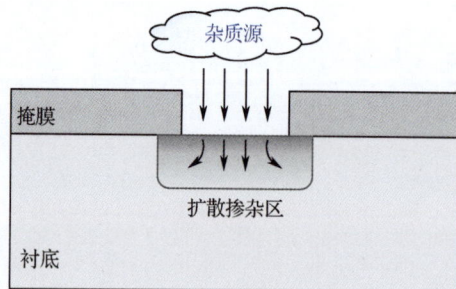

图 5.1 在硅片中的掺杂区

杂质原子在半导体材料内的扩散，可以看成杂质原子在晶格中以空位或间隙原子形式进行的原子运动，通常有替位式和间隙式两种扩散机制，如图 5.2 所示。

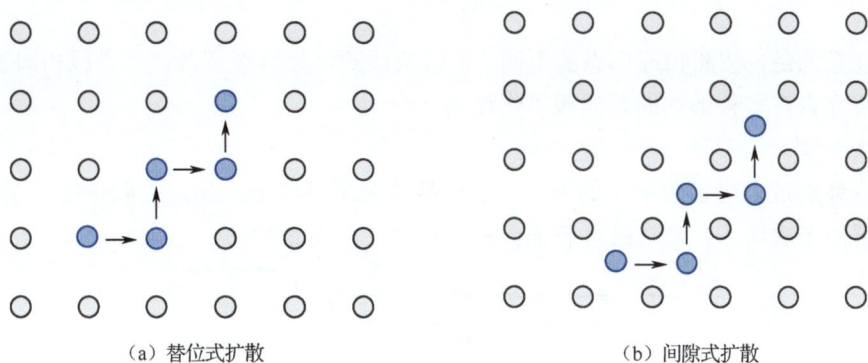

（a）替位式扩散　　　　　　　　　　（b）间隙式扩散

图 5.2　杂质原子在半导体材料内的扩散

（1）替位式扩散

替位式扩散是指杂质原子从一个替位位置（格点）运动到相邻的另一个替位位置（格点），如图 5.2（a）所示。替位原子的运动必须以其相邻处有空位存在为前提。因此，替位式扩散在常温下是极其缓慢的，远比间隙式扩散慢得多；若要获得一定的扩散速度，必须在较高的温度下进行。一些 III、V 族中较大半径的杂质原子（如 P、As、Sb、B、Al 和 Ga 等），通常以替位式在硅晶体中进行扩散。

（2）间隙式扩散

间隙式扩散是指杂质原子从一个原子间隙运动到相邻的另一个原子间隙，依靠间隙运动方式而逐步跳跃前进，如图 5.2（b）所示。一些半径较小的金属杂质原子（如 Au、Ag、Cu 和 Ni 等）具有较高的扩散率，通常按间隙式在硅晶体中进行扩散。

5.2.3　工艺设备及影响因素

扩散工艺的设备是扩散炉，主要是卧式扩散炉（见图 5.3），也有少量的立式扩散炉。在扩散过程中，先通过高温预热作用将杂质源引入晶圆表面，然后将掺杂原子推进到一定深度，以形成预期的掺杂区。扩散工艺的主要参数包括扩散杂质源类型、扩散时间（通常 30～90 分钟）、扩散温度（通常 900～1200℃）和扩散杂质浓度（1×10^{12}～1×10^{16}cm^{-3}）。

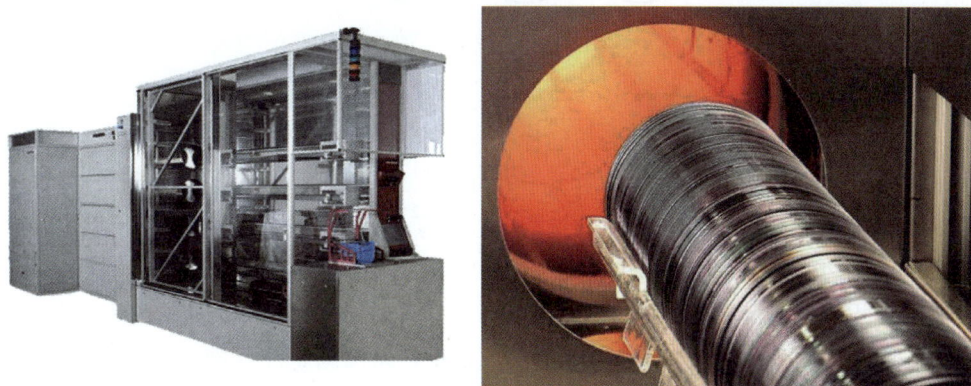

图 5.3　扩散炉

1. 扩散源

需要注意的是，按照物理形态的不同，扩散杂质源可分为液态源、气态源和固态源三种。同时，一些元素有多种形态的杂质源可供使用。

（1）液态源

惰性气体通过含有扩散杂质的液态，进而携带杂质蒸气进入高温扩散炉中。杂质蒸气在高温下分解成杂质原子，通过硅片表面向内部扩散（见图5.4）。

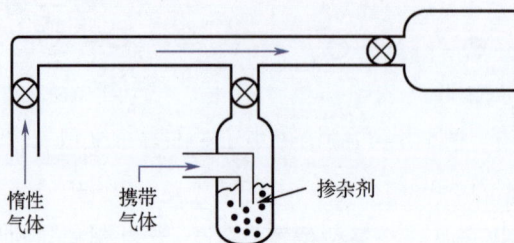

图 5.4　液态源扩散

（2）气态源

惰性气体混合反应物气体和掺杂气体后，进入高温扩散炉中。反应物气体与掺杂气体反应生成了杂质原子，然后杂质原子向硅片表面和内部扩散（见图5.5）。

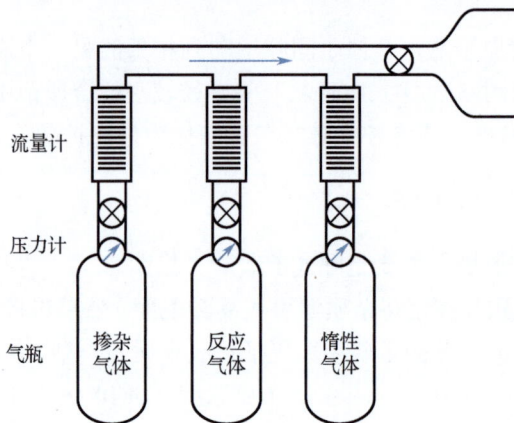

图 5.5　气态源扩散

（3）固态源

邻近固体源（如氮化硼）的外形与硅片相同，扩散时将其与晶圆间隔放置，并一起放入高温扩散炉中，通过氧化反应生成杂质原子，并进一步扩散到硅片表面及内部。另外，用化学气相淀积等工艺在晶圆上生长薄膜的过程中往薄膜内掺入一定的杂质，然后以这些杂质为扩散源在高温下向硅片内部扩散，这种固态源可以是掺杂的氧化物、多晶硅及氮化物等。

目前，淀积氧化物薄膜的固态源扩散工艺最为成熟，在集成电路生产中得到了广泛的应用。需要注意的是，在特征尺寸小于 10nm 的工艺中，采用离子注入进行掺杂会对 FinFET 器件的微小结构造成较大损伤，而采用固态源扩散工艺则有可能解决这个问题。

2. 扩散方式

扩散工艺使待扩散的杂质与硅片接触，在一定温度和时间下保证扩散的发生，从而得到所需的掺杂分布及掺杂浓度。杂质在硅中的扩散一般采用恒定源扩散和有限源扩散两种形式，它们分别对应了扩散过程的不同边界条件和初始条件。扩散的实际效果受到扩散源、扩散时间、扩散温度等因素的影响。

（1）恒定源扩散

恒定源扩散是指硅片表面的掺杂浓度始终保持不变，杂质扩散到硅片表面的一种扩散形式。扩散后掺杂浓度分布的表达式为

$$C(x,t) = C_S\left(1 - \frac{2}{\sqrt{\pi}}\right)\int_0^{\frac{x}{2\sqrt{Dt}}} \exp(-\lambda^2)\mathrm{d}\lambda = C_S\mathrm{erfc}\left(\frac{x}{2\sqrt{Dt}}\right) \tag{5.1}$$

式中，erfc( )为余误差函数。因此恒定源扩散情况下杂质分布是余误差分布，并且与表面掺杂浓度 C_S、杂质扩散系数 D 以及扩散时间 t 有关。扩散长度为 $\sqrt{Dt}$，其中杂质扩散系数 D 和杂质元素、扩散温度相关。扩散时间越长，杂质扩散得越深，杂质总量也就越多，恒定源扩散的掺杂浓度分布如图 5.6 所示。

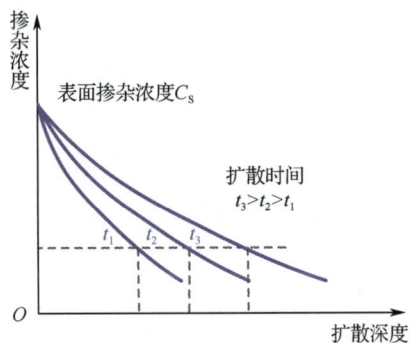

图 5.6　恒定源扩散的掺杂浓度分布

需要注意的是，恒定源扩散的表面掺杂浓度 C_S 基本由该杂质在扩散温度下的固溶度决定。在一定温度范围内，固溶度随温度变化不大。可见，恒定源扩散很难通过改变温度来达到控制表面掺杂浓度 C_S 的目的，这也是该扩散方法的不足之处。

（2）有限源扩散

在硅片外部没有杂质的气氛下，杂质源限定于扩散前淀积在硅片表面极薄层内的杂质总量，再依靠这些有限的杂质向晶圆体内进行扩散，该扩散方式是热扩散工艺的杂质再分布过程，平面工艺中的基区扩散和隔离区扩散也都近似于这类扩散。扩散后掺杂浓度分布的表达式为

$$C(x,t) = \frac{Q}{\sqrt{\pi Dt}}\exp\left(-\frac{x^2}{4Dt}\right) \tag{5.2}$$

式中，$\exp\left(-\dfrac{x^2}{4Dt}\right)$ 为高斯函数，Q 为杂质剂量，在有限源扩散中的杂质分布呈现一种高斯分布特征。当保持扩散温度 T 恒定时，随着扩散时间 t 的增加，杂质持续向晶圆体内进行扩散，

导致扩散深度（结深）不断增加，其表面掺杂浓度不断下降，峰值浓度降低且分布曲线趋于平缓（掺杂浓度梯度减小），如图 5.7（a）所示。当在一定的扩散时间 t 内，若扩散温度 T 升高，杂质的扩散速率增大，也会导致扩散深度增加、表面掺杂浓度和峰值浓度降低等，如图 5.7（b）所示。

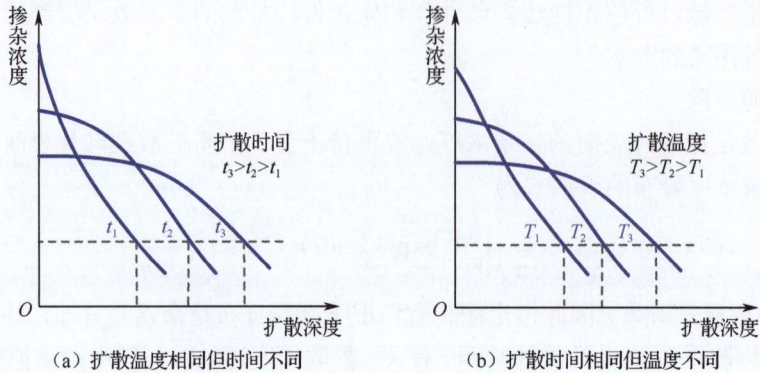

（a）扩散温度相同但时间不同　　　　（b）扩散时间相同但温度不同

图 5.7　有限源扩散的掺杂浓度分布

5.2.4　具体实践案例

1. 两步扩散工艺

在实际扩散工艺中，恒定源扩散虽然可以控制扩散的杂质总量和扩散深度，但不能控制表面掺杂浓度，因而难以制作出表面掺杂浓度低的深结；而有限源扩散虽然可以控制表面掺杂浓度和扩散深度，但不能任意控制杂质总量，因而难以制作出表面掺杂浓度高的浅结。因此，为了得到符合设计要求的表面掺杂浓度、杂质数量和结深，并满足浓度梯度等条件，需要将上述两种扩散工艺结合起来，即"两步扩散工艺"。

第一步为预扩散（或预淀积）：采用恒定源扩散的方式，在硅片表面淀积一定数量的杂质原子来控制掺入的杂质总量。其扩散温度较低、扩散时间较短，杂质原子在硅片表面的扩散深度很浅。

第二步为主扩散（或再分布）：把经过预扩散的硅片放入另一扩散炉内加热，使温度更高、时间更长，杂质向硅片内部扩散而达到重新分布的目的。此时表面的掺杂浓度下降、扩散深度（或结深）不断增加，从而达到预期的掺杂浓度分布。

2. 氧化增强扩散

在氧化过程中，原存在于硅片内的掺杂原子呈现出更高的扩散性，这一现象被称为氧化增强扩散（Oxidation Enhanced Diffusion，OED）。以常见的杂质元素硼和磷为例，它们在氧化气氛中的扩散速率得到明显提升。氧化增强扩散示意图如图 5.8 所示。可以看到，氧化区下方的硼扩散结深大于非氧化区（保护区）下方的结深，这说明在氧化过程中硼的扩散被增强。

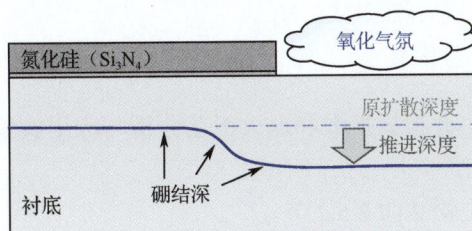

图 5.8 氧化增强扩散示意图

为此，研究人员提出一种双扩散（DDD）机制，即通过替位和间隙两种扩散运动，来增强杂质原子的扩散速率。在氧化过程中，在 Si/SiO$_2$ 界面产生大量的间隙硅原子，这些过剩间隙硅原子在往硅片内扩散的同时，不断与空位复合，使其浓度随着深度而降低；但在表面附近，过剩的硅原子位于晶格间隙，和替位硼原子相互作用，使替位的硼原子变为间隙硼原子。这样，当间隙硼原子的近邻晶格没有空位时，间隙硼原子就以间隙方式运动；如果近邻晶格出现了空位，间隙硼原子又可以进入空位变为替位硼原子。这样，杂质硼原子就以替位-间隙交替的方式进行双扩散运动，其扩散速率比单纯由替位到替位明显更快，扩散结深也更深。

当然，不同杂质原子受氧化增强的影响也不同。在相同氧化条件下，杂质砷原子的扩散增强的程度要低于硼原子和磷原子，而杂质锑原子的扩散增强反而被削弱。此外，硅的晶向也会影响氧化增强扩散的效果，此处不再展开讨论。

5.3 实验内容

扩散和退火是微电子工艺中的两项重要基础工艺技术。本实验将完成对扩散工艺中的杂质源类型、扩散时间、扩散温度、掺杂浓度等参数的分析，以及对退火工艺中的退火时间、退火温度等参数的分析；对比分析退火工艺与氧化增强扩散的异同等。实验内容包括以下几项：

（1）对比不同扩散杂质源类型的扩散效果；

（2）对比不同扩散时间的扩散效果；

（3）对比不同扩散温度的扩散效果；

（4）对比不同扩散杂质浓度的扩散效果；

（5）对比不同退火时间的退火效果；

（6）对比不同退火温度的退火效果；

（7）退火工艺和氧化增强扩散工艺对比；

（8）应用退火技术进行倒掺杂阱工艺。

5.4 主要仪器设备

此部分内容可参照实验 1 的 1.4 节。

5.5 操作方法与实验步骤

5.5.1 基础准备工作

此部分内容可参照实验 1 的 1.5.1 节。

5.5.2 实验过程及提示

根据已经学到的知识，并根据扩散和退火工艺分析与应用实验流程的提示，读者可自行设计并完成实验内容。

一些常用功能可参考实验 2 的 2.5.2 节。

1. 基础仿真设置和衬底设置

由于退火工艺通常在离子注入后进行，所以，本实验的基础仿真设置和衬底设置与实验 4 完全一致，具体参考实验 4 中 4.5.2 节的说明。

2. 对比不同扩散杂质源类型的扩散效果

扩散的杂质源类型与离子注入一致，包括：IIA 族的铍、镁；IIIA 族的硼；IVA 族的碳、硅、锗；VA 族的磷、砷、锑；VIA 族的硒。

提示：针对不同的扩散杂质源类型，衬底也有所不同，衬底的选择同样与离子注入一致。硅衬底主要扩散 IIIA 族和 VA 族元素，在本实验中主要是 IIIA 族的硼和 VA 族的磷、砷、锑。砷化镓衬底主要扩散 IIA 族、IVA 族和 VIA 族元素，在本实验中主要是：IIA 族的铍、镁；IVA 族的碳、硅、锗；VIA 族的硒。在选择扩散杂质源时，同步选择合适的衬底。

下面以硅衬底扩散硼为例进行说明。

（1）初始晶圆衬底设置参照 1.5.2 节，其中，衬底材料选择为硅、初始衬底掺杂杂质选择为硼。

晶圆衬底设置好后，在点亮的按钮中选择"扩散"（Diffuse），出现扩散的设置选项，选择扩散的杂质源类型为"硼"，如图 5.9 所示。

图 5.9 选择扩散杂质源操作示意图

（2）设置扩散的其他参数，扩散时间为 60 分钟，扩散温度为 1000℃，扩散杂质浓度为 1×10^{14}cm^{-3}。设置好后，单击"完成设置"按钮，如图 5.10 所示。

图 5.10　扩散参数设置操作示意图

（3）根据提示完成连接（如已连接，此步骤可忽略），然后单击 HSLab 软件中的"工艺仿真"按钮，就可以得到硼的扩散结果，如图 5.11 所示。

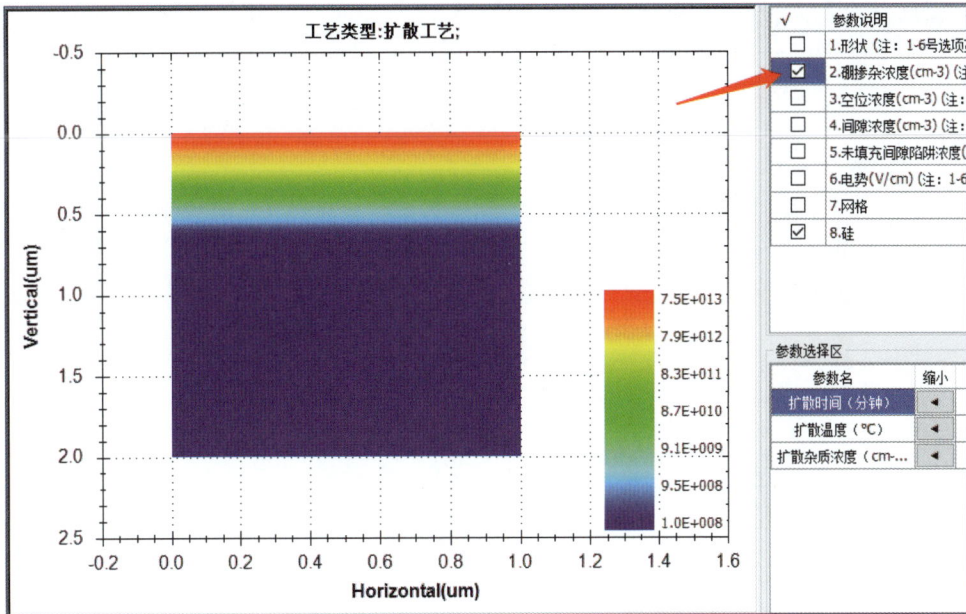

图 5.11　硼扩散实验结果参考图

如图 5.12 所示，通过硼的一维数据提取，可以查看扩散的一维分布。

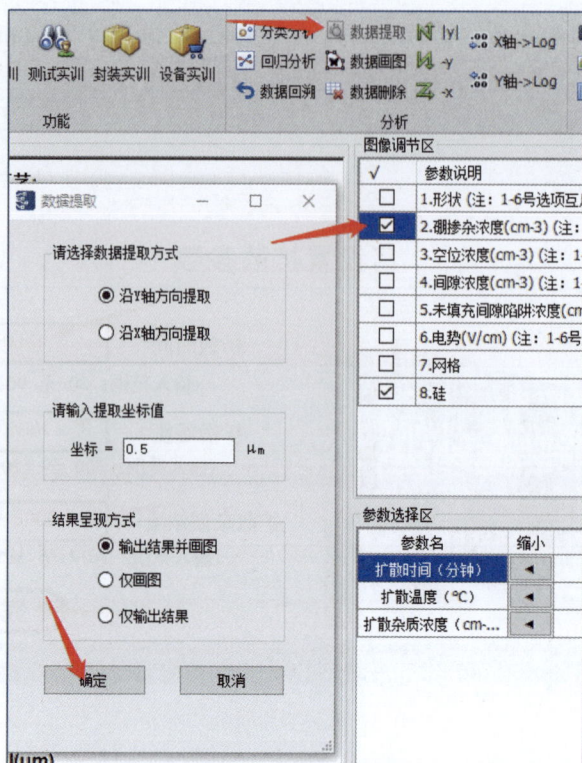

图 5.12　硼掺杂浓度分布提取操作示意图

一维分布的结果展示在图 5.13 中，可以通过图中所示的"Y 轴→Lin"按钮切换 Y 轴为 Log 坐标显示或 Lin（线性）坐标显示。

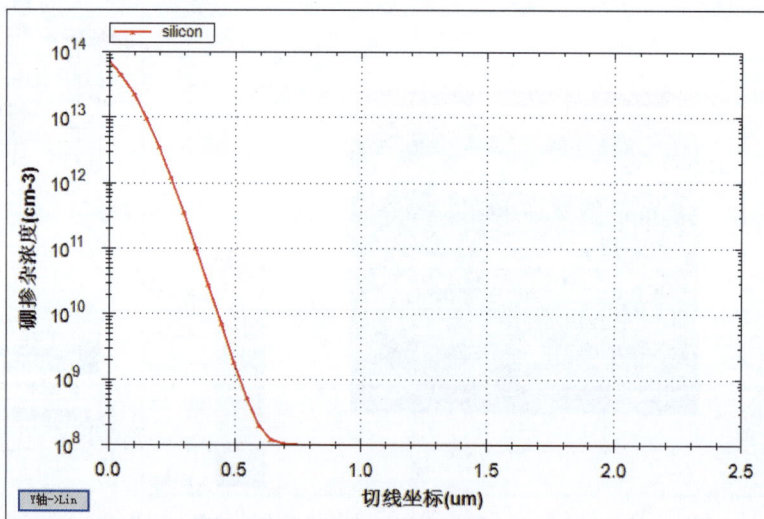

图 5.13　提取出的硼掺杂浓度分布示意图

（4）逐一扩散各种杂质源类型（扩散时间为 60 分钟，扩散温度为 1000℃，扩散杂质浓度为 $1×10^{14}cm^{-3}$），并利用数据提取功能将注入的一维结果提取出来，最后通过数据画图功能对各个扩散杂质源类型进行对比。此过程读者自行完成。

3. 对比不同扩散时间的扩散效果

提示：网格设置同上，固定扩散杂质源类型（如硼）、扩散温度（如 1000℃）和扩散杂质浓度（如 $1×10^{14}$cm^{-3}），分别进行不同扩散时间（如 30 分钟、50 分钟、70 分钟、90 分钟）的实验，并对比不同扩散时间得到的一维分布曲线。

4. 对比不同扩散温度的扩散效果

提示：网格设置同上，固定扩散杂质源类型（如硼）、扩散时间（如 60 分钟）和扩散杂质浓度（如 $1×10^{14}$cm^{-3}），分别进行不同扩散温度（如 800℃、900℃、1000℃、1100℃、1200℃）的实验，并对比不同扩散温度得到的一维分布曲线。

5. 对比不同扩散杂质浓度的扩散效果

提示：网格设置同上，固定扩散杂质源类型（如硼）、扩散时间（如 60 分钟）和扩散温度（如 1000℃），分别进行不同扩散杂质浓度（如 $1×10^{12}$cm^{-3}、$1×10^{13}$cm^{-3}、$1×10^{14}$cm^{-3}、$1×10^{15}$cm^{-3}、$1×10^{16}$cm^{-3}）的实验，并对比不同扩散杂质浓度得到的一维分布曲线。

6. 对比不同退火时间的退火效果

（1）如图 5.14 所示，根据实验 4 的介绍，生成一个离子注入结果（参数：硼，$1×10^{14}$cm^{-3}，100keV，0°）。该过程已经在实验 4 中进行了详细介绍，这里不再赘述。

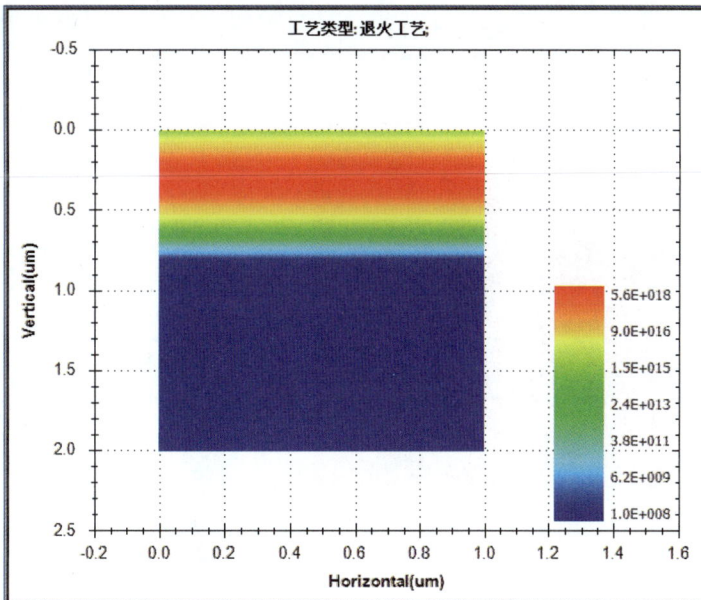

图 5.14　硼离子注入浓度分布色阶图

如图 5.12 所示，通过硼的一维数据提取，可以查看离子注入的一维分布。一维分布的结果展示在图 5.15 中，可以通过图中的"Y 轴→Lin"按钮切换 Y 轴为 Log 坐标显示或 Lin（线性）坐标显示。

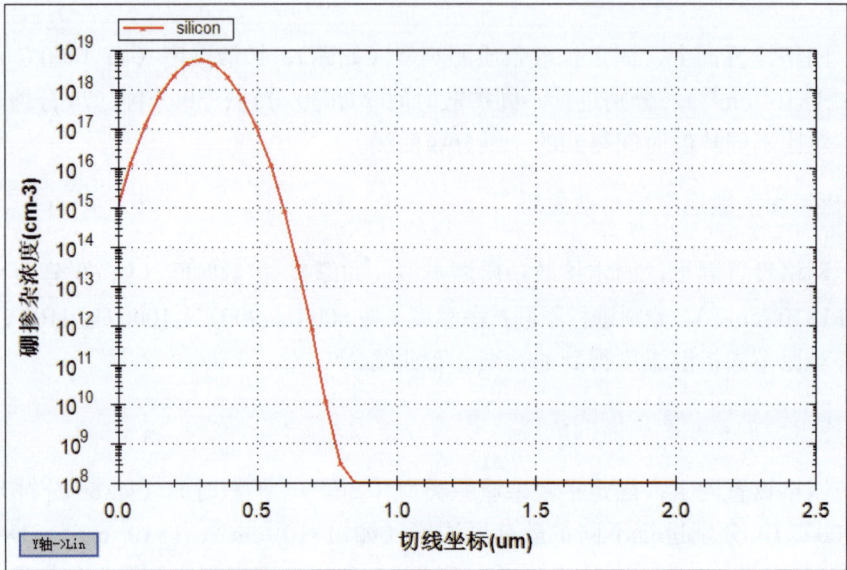

图 5.15　提取出的硼掺杂浓度分布示意图

　　还可以查看离子注入后的空位浓度、间隙浓度和未填充间隙陷阱浓度，分别如图 5.16 至图 5.18 所示。可以看到，空位浓度和间隙浓度还未出现明显的分布，并且未填充间隙陷阱浓度也较低，说明离子还未被激活。

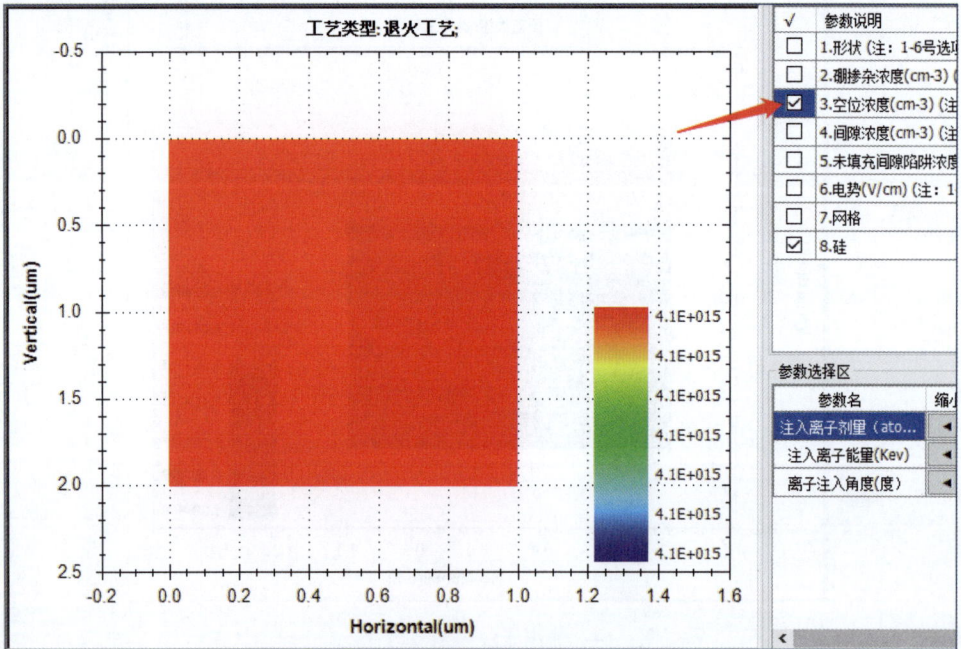

图 5.16　空位浓度显示操作示意图

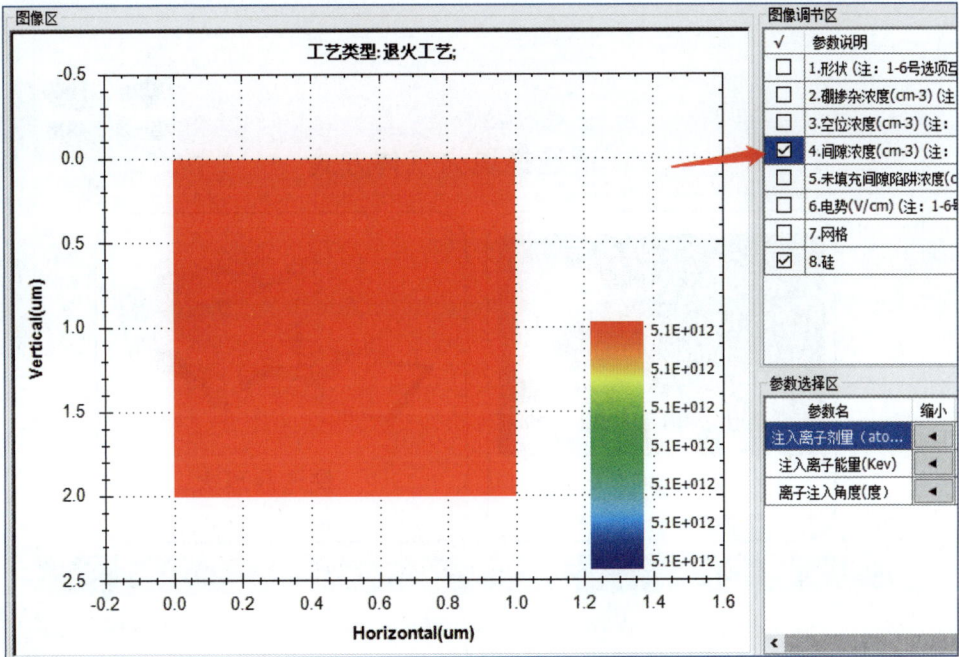

图 5.17　间隙浓度显示操作示意图

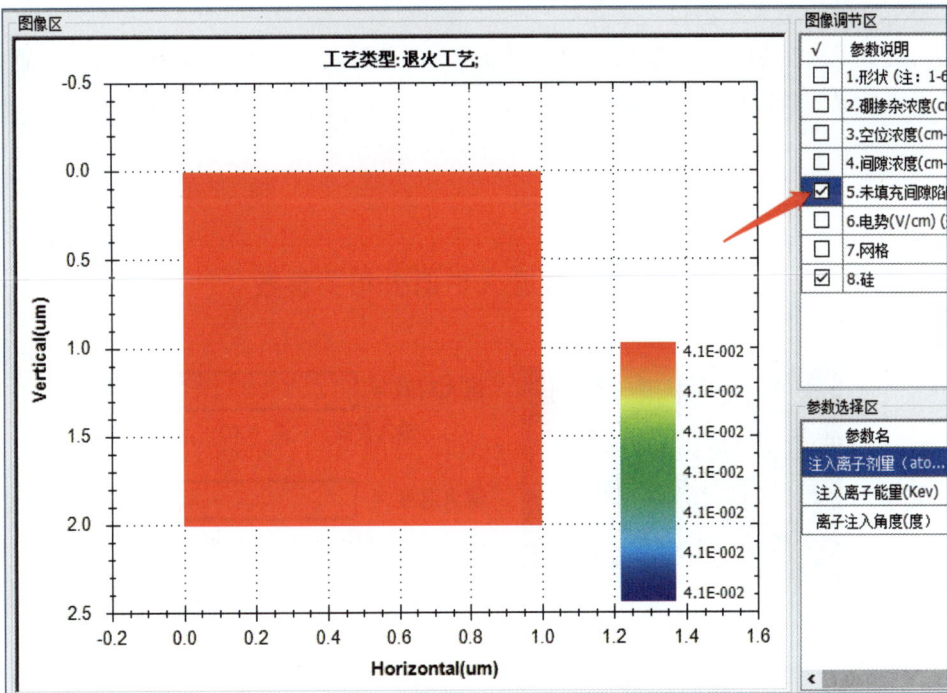

图 5.18　未填充间隙陷阱浓度显示操作示意图

（2）进行退火工艺，在点亮按钮中选择"退火工艺"（Anneal RTA），出现退火工艺的设置选项，选择"退火炉退火"，如图 5.19 所示。

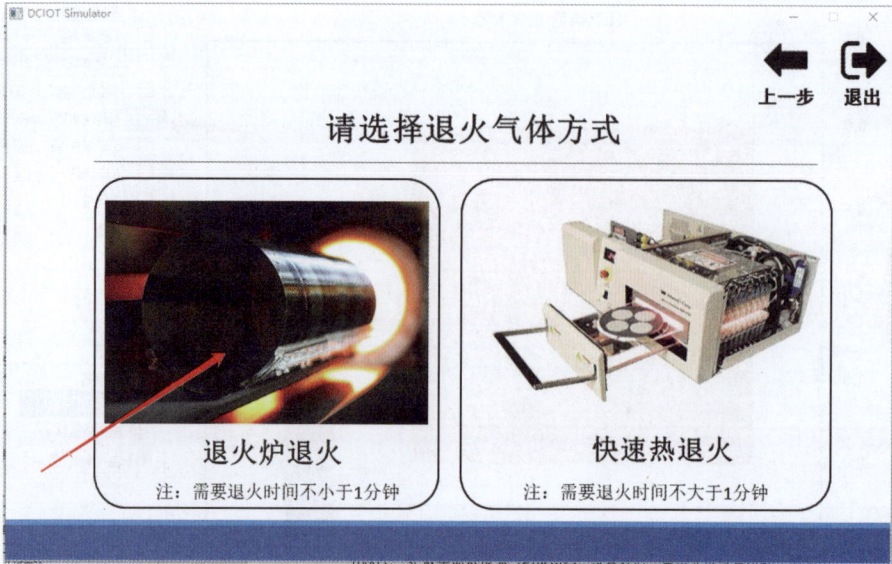

图 5.19　退火方式选择操作示意图

　　提示：退火炉主要用于退火时间不小于 1 分钟的退火工艺；快速热退火主要用于退火时间不大于 1 分钟的退火工艺。

　　（3）设置退火工艺的其他参数，退火时间为 60 分钟，退火温度为 1000℃，设置好后，单击"完成设置"按钮，如图 5.20 所示。

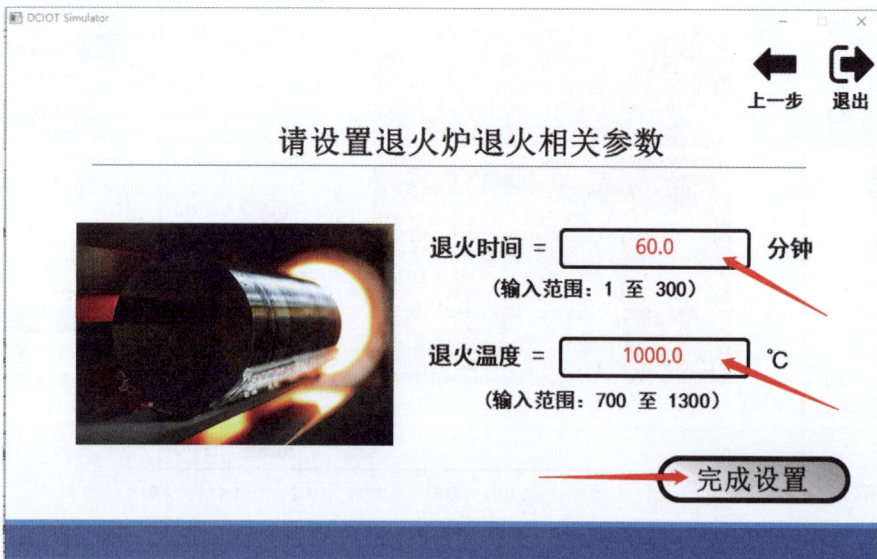

图 5.20　退火炉退火相关参数设置操作示意图

　　（4）根据提示完成连接（如已连接，此步骤可忽略），然后单击 HSLab 软件中的"工艺仿真"按钮，就可以得到硼的退火结果，如图 5.21 所示。

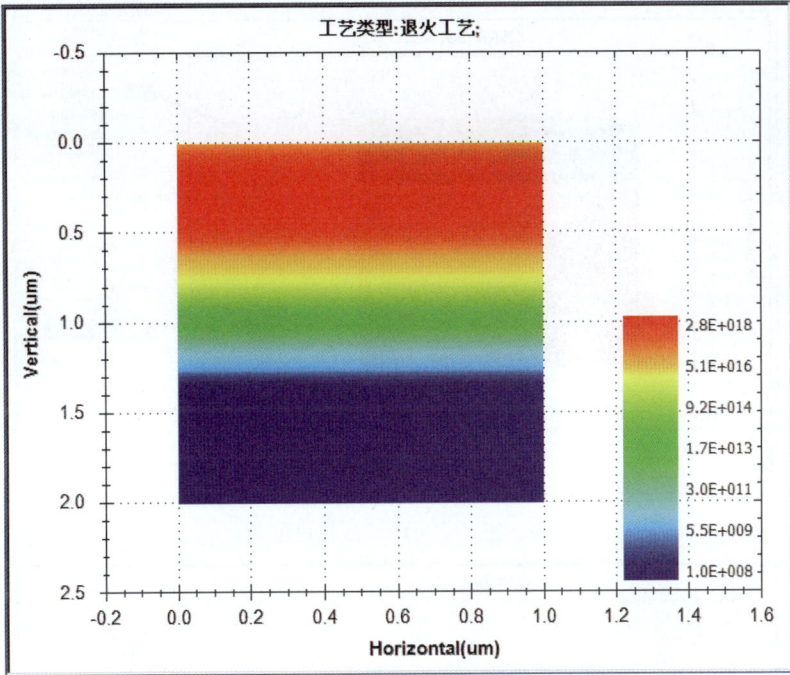

图 5.21　退火后硼掺杂浓度分布示意图

从图 5.21 可以看到，硼的分布更加均匀。继续使用数据提取功能，将硼掺杂浓度在退火前和退火后进行对比，如图 5.22 所示。红色曲线为退火前，粉色曲线为退火后，从图可以看到，硼的分布宽度更宽，峰值浓度有所降低。

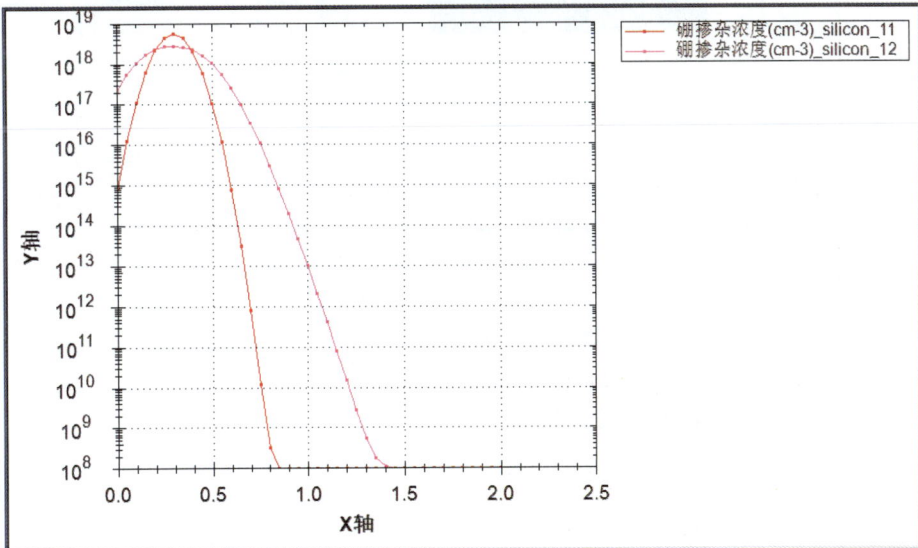

图 5.22　退火前、后硼掺杂浓度对比

（5）继续查看退火后的空位浓度、间隙浓度和未填充间隙陷阱浓度，分别如图 5.23 至图 5.25 所示。可以看到，空位浓度和间隙浓度出现明显的分布，并且未填充间隙陷阱浓度增长到 $1.4 \times 10^{-1} \mathrm{cm}^{-3}$，说明离子已经被激活。

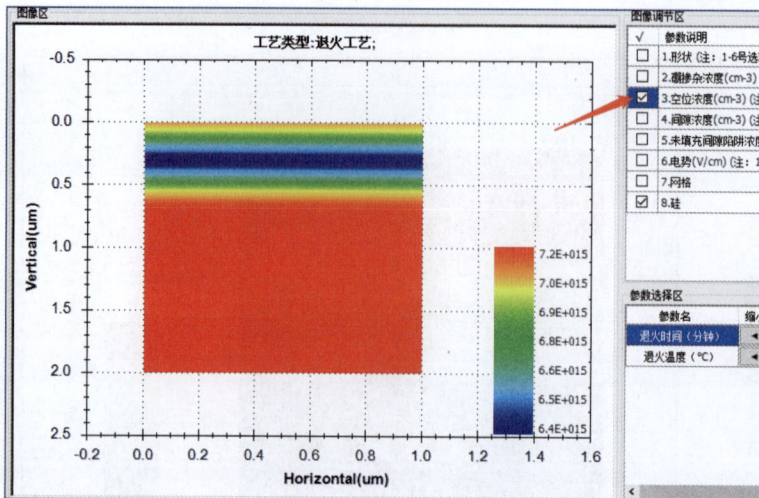

图 5.23　空位浓度分布色阶图

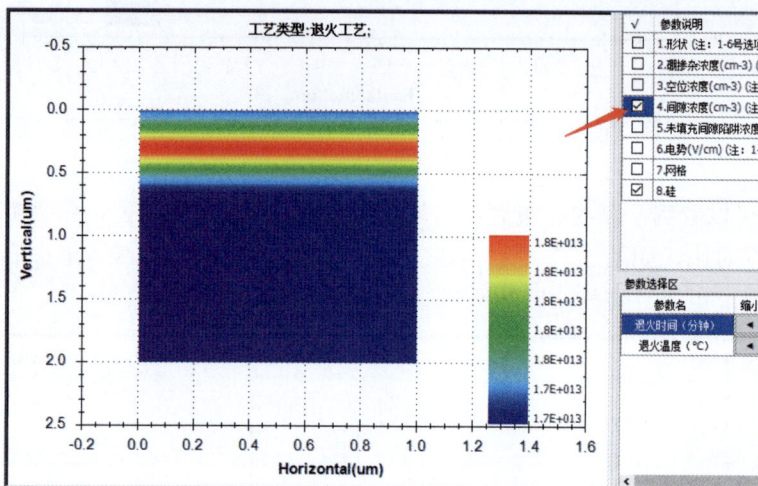

图 5.24　间隙浓度分布色阶图

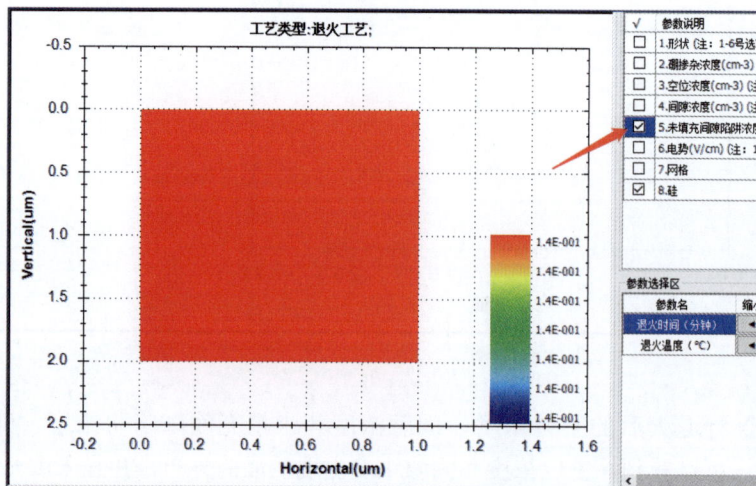

图 5.25　未填充间隙陷阱浓度分布色阶图

（6）将退火温度保持在1000℃，设置不同的退火时间（如0.001分钟、0.1分钟、1分钟、10分钟、300分钟），重复上述实验，并利用数据提取功能将退火的一维结果提取出来，最后通过数据画图功能对不同退火时间进行对比，此过程读者可自行完成。

7. 对比不同退火温度的退火效果

提示：网格设置同1.5.2节，按照上面介绍的退火工艺设置，固定退火时间（如60分钟），分别进行不同退火温度（如700℃、850℃、1000℃、1150℃、1300℃）的实验，并对比不同退火温度得到的一维分布曲线。

8. 退火工艺和氧化增强扩散工艺对比

首先，进行氧化增强扩散工艺。

第一步，进行离子注入。注入杂质为硼，注入剂量为$1×10^{14}cm^{-2}$，注入能量为100keV，注入角度为0°，注入结果如图5.26所示。

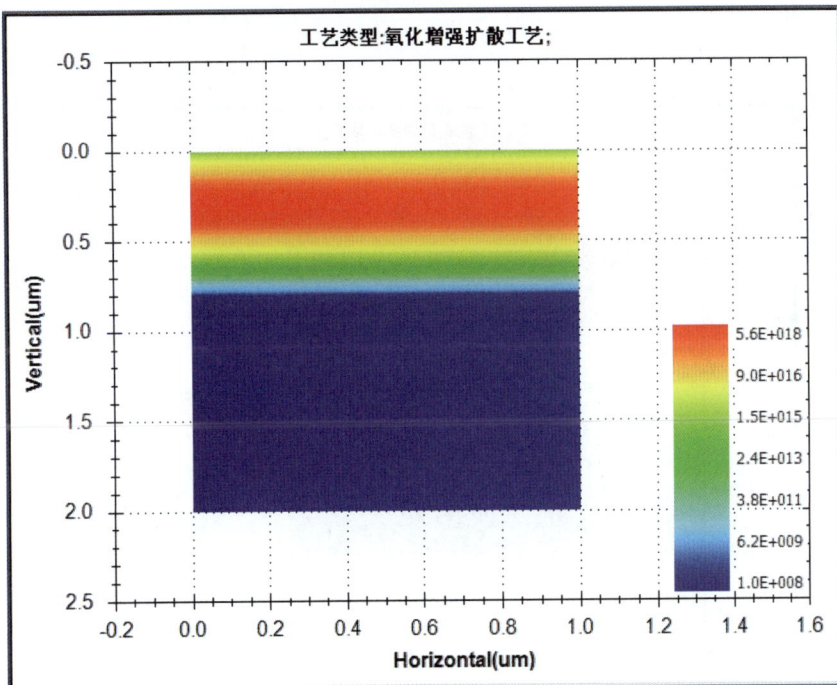

图5.26　氧化增强扩散工艺第一步离子注入后的硼掺杂浓度分布色阶图

接下来，进行氧化增强扩散工艺的第二步，也就是氧化的步骤。氧化类型为干法氧化，氧化时间为60分钟，氧化温度为1000℃，得到如图5.27和图5.28所示的结果。可以看到，除了生长出一层氧化层，硼离子的掺杂进行了二次分布，效果等同于生长一层氧化层再加上退火的效果。

采用上述相同的参数设置，将第二步的氧化工艺替换成退火工艺（退火时间和退火温度与氧化时间和氧化温度一致），并且将氧化增强扩散工艺与退火工艺进行对比。

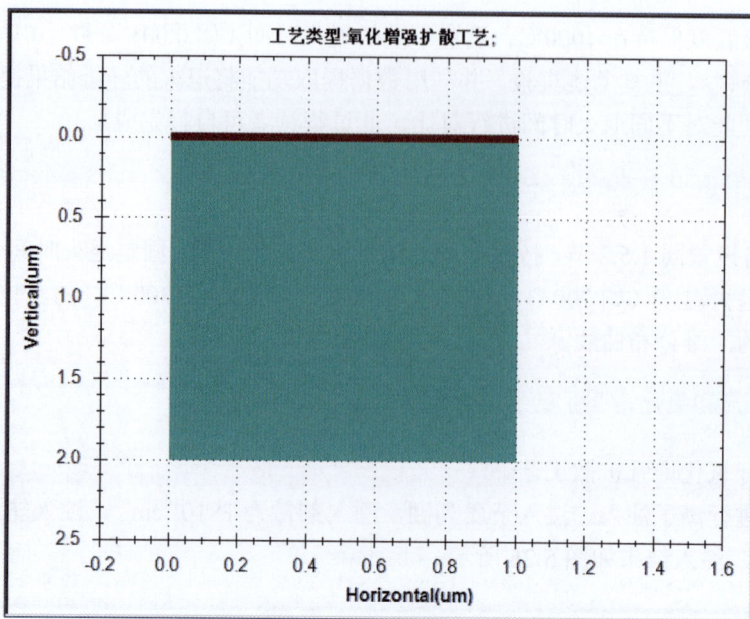

图 5.27　氧化增强扩散工艺后的器件结构图

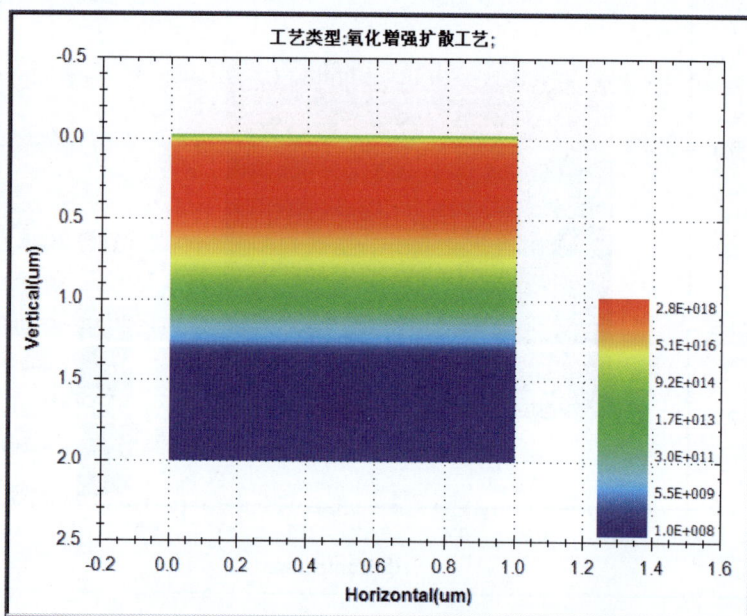

图 5.28　氧化增强扩散工艺后的硼离子分布色阶图

9. 应用退火技术进行倒掺杂阱工艺

在实验 4 中，应用离子注入技术进行了倒掺杂阱工艺。但实际上，倒掺杂阱工艺还没有全部完成，需要在 4.5.2 节的基础上，继续进行退火，激活注入离子。退火参数为退火时间 60 分钟、退火温度 1000℃。请读者自行完成这一过程，并将退火前后的倒掺杂阱工艺进行对比。

5.6　实验结果分析

（1）采用一维数据提取功能、数据画图功能进行详细的理论分析和数据对比（比如更加精细地调节倒掺杂阱工艺的注入参数和退火参数，让阱区不同深度的掺杂浓度基本相同）。

（2）进行扩散工艺与离子注入工艺的对比分析。

（3）采用非提示给出的器件大小、仿真设置和衬底设置，自行设计器件大小和结构、仿真网格和衬底进行实验，并进行数据分析和对比。

5.7　思考题

（1）简要描述扩散工艺的原理。

（2）列举说明扩散的主要优点与缺点。

（3）解释扩散中的间隙运动和替位运动。

（4）如果只用热扩散实现倒掺杂阱工艺，会存在哪些困难？

（5）思考并总结扩散工艺和离子注入工艺的区别。

5.8　拓展实验

设计并进行双扩散（DDD）或轻掺杂漏（LDD）工艺实验。

实验 6　薄膜淀积和外延工艺分析与应用

6.1　实验目的

通过本实验，进一步理解集成电路制造中薄膜淀积工艺的原理与流程，特别是关于介质淀积和外延工艺；使用多功能实验基础平台和半导体参数分析仪完成单层与多层外延、介质薄膜淀积、绝缘层上硅（SOI）衬底及沟槽介质隔离等结构的制作和分析。

6.2　实验原理

6.2.1　工艺定义

1. 薄膜淀积

薄膜淀积（Film Deposition）是集成电路制造中的一项重要单步工艺，是指在晶圆表面上通过淀积形成一层薄膜的过程，其用途非常广泛。这层薄膜可以是氧化硅和氮化硅等多种绝缘介质，也可以是多晶硅半导体材料或金属导体材料等。

2. 外延工艺

外延工艺（Epitaxial Process）是一种非常特殊的薄膜淀积工艺。通过薄膜淀积方法制备出的绝缘介质薄膜是非晶材料或者多晶材料，而外延工艺则能够在单晶衬底上生长一层单晶材料。该外延层薄膜是衬底的延伸，但也可以具有不同于衬底的掺杂浓度等参数，为设计者在优化器件时提供了极大的灵活性。

6.2.2　工艺原理

薄膜淀积的工艺示意图如图 6.1 所示，主要是通过气相淀积的形式进行的，其工艺过程主要包含 4 个阶段：

- 第一阶段是气相传输，淀积薄膜所需的气体分子或原子被运输到反应腔中；
- 第二阶段是聚集成核，反应腔内的气体分子或原子逐步附着在硅片表面，作为薄膜进一步生长的基础；
- 第三阶段是凝结成束，也称为岛生长，因为这些原子或分子从许多小岛形状不断生长成较大的岛；
- 第四阶段是连续成膜，这些独立的岛向外扩散并汇聚到一起，最终形成连续的薄膜。

淀积形成的薄膜可能有多种晶格排列形式：单晶结构、多晶结构和非晶结构，如图 6.2 所示。不同晶体的薄膜在集成电路制造中都会被用到，比如起隔离作用的氧化硅薄膜或氮化硅薄膜通常是非晶结构；在栅极氧化层上淀积的硅是多晶结构，故栅极也被称为多晶硅栅。而使用特殊薄膜淀积工艺形成的外延层则是单晶结构。在反应腔中采用特殊处理去除衬底表面的所有氧化物之后，抵达衬底表面的原子在表面移动直至停在合适的位置，完美地延伸了衬底晶体的晶格结构。

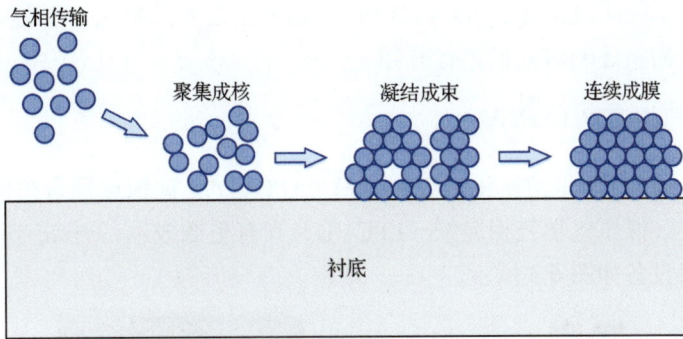

图 6.1　薄膜淀积的工艺示意图

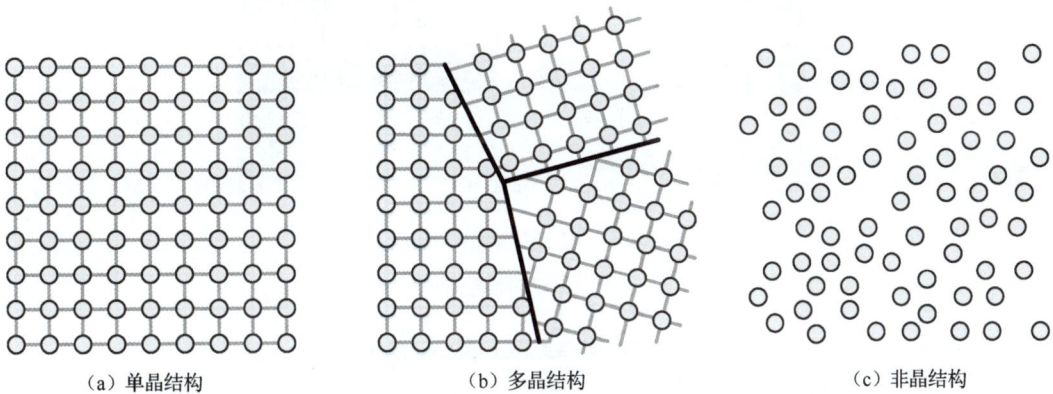

（a）单晶结构　　　　　　　　（b）多晶结构　　　　　　　　（c）非晶结构

图 6.2　淀积形成的薄膜

　　另外，对比薄膜淀积工艺生成的氧化硅薄膜和实验 3 中氧化工艺生成的氧化硅薄膜，两者的工艺原理差异很大。这是因为采用氧化工艺制备的氧化硅薄膜的硅成分来自晶圆衬底本身，即衬底参与了反应并以消耗自身的硅原子为代价形成了薄膜；而薄膜淀积工艺中所有的成分都是通过外部以气相的方式带入反应腔中，并淀积到晶圆表面形成了一层薄膜，衬底不参与实质的反应。

6.2.3　工艺形成方法及影响因素

　　在集成电路制造中，许多薄膜材料的制备主要依赖于淀积工艺。形成这些薄膜的物质来自外部源，一般通过气相传输的形式被带到反应腔中。而其基本材料可以通过气体源的化学反应生成，或者通过对固态靶源进行纯物理轰击来实现。

　　根据成膜机制的不同，薄膜淀积可以分为两大类：化学气相淀积（Chemical Vapor Deposition，CVD）和物理气相淀积（Physical Vapor Deposition，PVD）。其中，CVD 工艺能够生成大多数的薄膜材料，包括介质材料（如氧化硅、氮化硅、硼磷硅玻璃（BPSG）等）、导体材料（如多晶硅和钨金属等）以及半导体外延材料（如硅、砷化镓等）。因此，本实验主要介绍 CVD 工艺的原理与应用，实验 7 将介绍 PVD 工艺（主要制备各类金属及合金薄膜等）。

　　随着集成电路制造技术的不断发展，多种 CVD 工艺设备也不断被提出。目前，常用 CVD 工艺主要包括低压化学气相淀积（Low Pressure Chemical Vapor Deposition，LPCVD）、等离子体增强化学气相淀积（Plasma Enhanced Chemical Vapor Deposition，PECVD），以及用于淀积外延层的气相外延（Vapor Phase Epitaxy，VPE）。这些工艺各具特色，分别针对不同的材料特性和工艺需求，下面将逐一对它们进行介绍。

1. 低压化学气相淀积（LPCVD）

最早出现的 CVD 工艺是常压化学气相淀积（APCVD），淀积过程是在标准大气压下进行的。然而相比之下，低压化学气相淀积（LPCVD）具有更低成本、更高产量和更好的薄膜性能等优点，其工艺设备如图 6.3 所示。

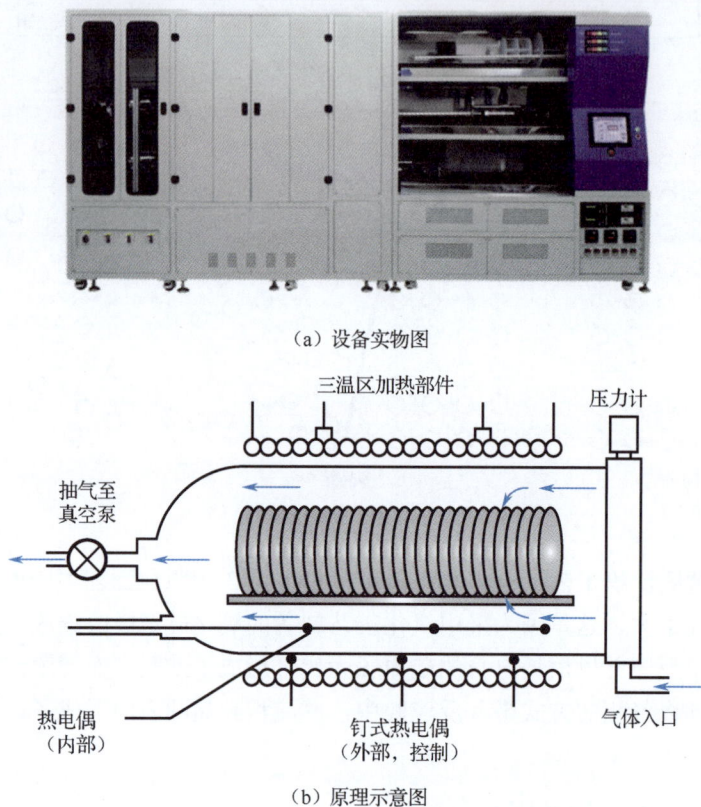

（a）设备实物图

（b）原理示意图

图 6.3　低压化学气相淀积工艺设备

顾名思义，LPCVD 的淀积过程是在低压（低真空）中进行的。反应气体进入反应腔后，在低压条件下气体分子的平均自由程可以得到显著增长，使得分子向晶圆表面淀积为薄膜的过程中发生大量的碰撞，这有助于改善薄膜的均匀性和台阶覆盖能力。

2. 等离子体增强化学气相淀积（PECVD）

等离子体增强化学气相淀积（PECVD）工艺设备如图 6.4 所示。在工艺过程中，反应气体从底部进入反应腔，并沿径向在衬底上流过；利用上下电极之间的直流电压（DC）、交流电压（AC）和射频（RF）功率等，反应气体被电耦合并产生了等离子体，这些等离子体通过不断的碰撞和化学反应，最终形成了薄膜。

（a）设备实物图

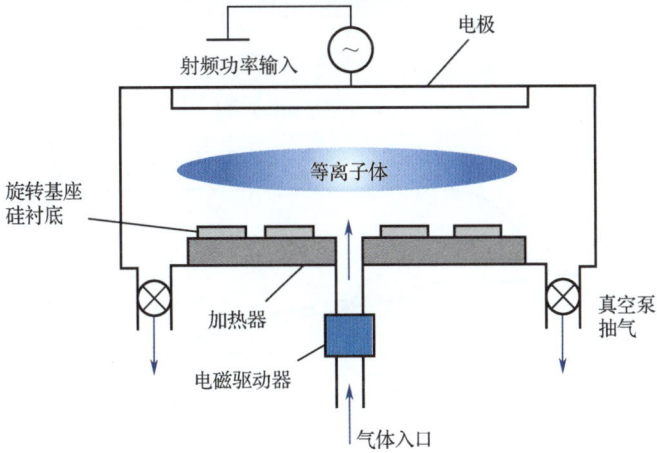

（b）原理示意图

图 6.4 等离子体增强化学气相淀积工艺设备

PECVD 的优点是工艺温度低，因其利用等离子体的能量来产生并维持化学反应速率，能够在更低温度下实现薄膜淀积，从而避免高温对器件结构的损伤。例如，硅烷和氨气的反应约在 850℃发生并生成氮化硅；但在等离子体增强反应的条件下，只需在 350℃左右就可以生成氮化硅。此外，PECVD 工艺的薄膜淀积速率较快，能够满足量产需求，并且设备单次运行成本低，还可以通过等离子体活化作用改善薄膜与衬底的黏附性。

在集成电路的薄膜制备时，工艺设备的选择需要综合考虑具体的应用需求和工艺条件。对于需要在较低温度下淀积的介质薄膜或非晶薄膜（如氮化硅、氧化硅等），通常采用 PECVD 工艺，尤其适用于后端制程的薄膜制备或对温度敏感的材料制备。然而，当要求更高的薄膜质量（如致密性、高纯度和低缺陷）或需要优异的均匀性和台阶覆盖能力时，LPCVD 工艺则成为更优的选择。

3. 气相外延（VPE）

为了获得单晶结构的硅外延层，也可以采用 CVD 工艺来实现。其中，最常用的硅外延工艺生长方法是气相外延（VPE），其工艺设备如图 6.5 所示。

（a）设备实物图

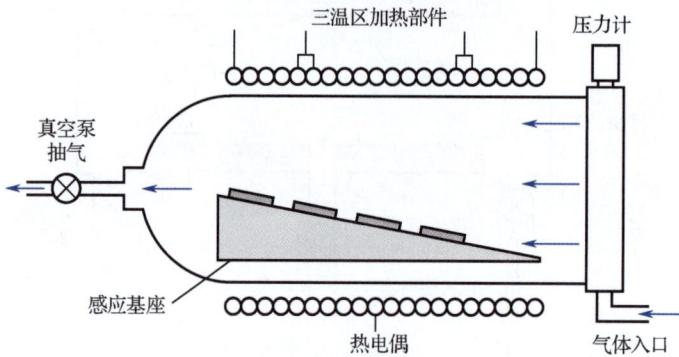

（b）原理示意图

图 6.5　气相外延工艺设备

首先，在气相外延工艺设备的反应腔中通入氮气或氢气进行净化，随后引入 HCl 气体；然后将硅片置于高温（800～1150℃）的反应腔中；接着，反应气体（如 SiH_2Cl_2 气体）伴随着掺杂杂质气体被引入反应腔。此时，硅片已经加热到反应所需的温度。一旦反应物和掺杂杂质气体进入反应腔，就会发生化学和物理反应，并淀积生成一定掺杂浓度的硅外延层。

对于化合物半导体（如砷化镓和氮化镓）的外延层，可以采用金属有机 CVD（MOCVD）和分子束外延（MBE）等淀积工艺，具体内容此处不再赘述。

6.2.4　具体实践案例

在集成电路的制造过程中，衬底的初始状态往往无法直接满足器件性能的要求，这就需要通过多次外延生长技术以调控衬底的掺杂类型、掺杂浓度和厚度等参数。例如，在高压功率器件或射频集成电路中，通过交替生长不同掺杂浓度的外延层，可有效平衡其导通电阻与击穿电压的折中关系。在一些特殊的应用场合，为克服传统硅衬底固体的体效应问题（如寄生电容大、闩锁效应等），业界还提出了绝缘体上硅（Silicon On Insulator，SOI）这一衬底改进工艺技术，即在硅衬底表面引入一层二氧化硅（也被称为埋氧），形成硅-绝缘层-硅的"三明治"结构。

图 6.6（a）和（b）分别为在硅衬底和 SOI 衬底上形成的 MOS 晶体管的结构示意图。得益于绝缘材料的介电隔离作用，相比于在硅衬底上制备的晶体管，在 SOI 衬底上制备的晶体管极大地降低了源极和漏极的寄生电容，使电路具有运算速度更快、功耗更低、耐高温和抗辐射等特点。同时，也没有传统晶体管在低压工作时的电流驱动能力和亚阈值波动问题。目前，基于 SOI 衬底的 CMOS 技术（见图 6.7）已经广泛用于低电压、低功耗和快速的集成电路产品中，如静/动态存储器、射频电路和逻辑电路。

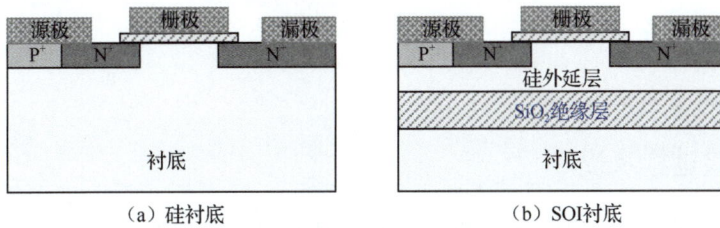

图 6.6　在不同衬底上制作的 MOS 晶体管结构示意图

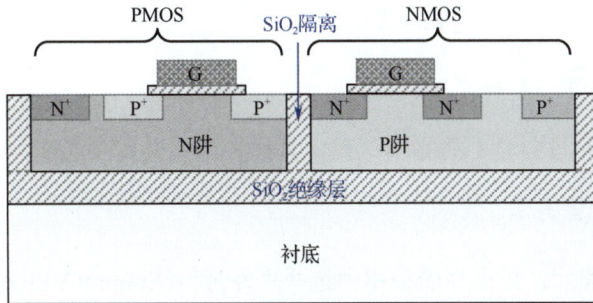

图 6.7　SOI CMOS 集成电路剖面图

SOI 技术已经发展出多种制备方法，包括注氧隔离（SIMOX）、硅片黏合（BONDING）、智能剥离（Smart Cut）以及外延层转移（ELTRAN）等。其中，智能剥离技术因其能够实现原子级平整的界面和精确的硅膜厚度控制，已成为大尺寸 SOI 晶圆的主流制备方法。在本书的微电子工艺实验中，采用较为简易的工序来实现 SOI 衬底的制备，即先在硅衬底上淀积一层氧化硅薄膜，然后在其上外延生长一层硅外延层。这虽然不能完全模拟工业化生产流程，但能够清晰地展示 SOI 衬底的基本结构和制备原理。此外，还可以在 SOI 衬底上进行浅槽介质隔离（Shallow Trench Insulation，STI）工艺，这一工艺已经在先进集成电路制造中取代了 LOCOS 隔离工艺。

6.3　实验内容

薄膜淀积是微电子工艺课程所需要学习的重要单步工艺之一。本实验将完成外延层、介质层等结构的制作和分析，使学生熟悉化学气相淀积工艺的基本原理。实验内容包括以下几项：

（1）外延工艺的设置方法；

（2）淀积工艺的设置方法；

（3）应用外延工艺进行多层外延；

（4）应用外延和淀积工艺制作 SOI 衬底；

（5）制作 MOSFET 基本单元的侧墙结构。

6.4　主要仪器设备

此部分内容可参照实验 1 的 1.4 节。

6.5　操作方法与实验步骤

6.5.1　基础准备工作

此部分内容可参照实验 1 的 1.5.1 节。

6.5.2　实验过程及提示

根据前面讲述的理论知识，结合薄膜淀积和外延工艺流程的提示，读者可自行设计并完成实验内容。

一些常用功能可参考实验 2 的 2.5.2 节。

1. 基础仿真设置和衬底设置

本实验的衬底设置与实验 1 的完全一致，具体参考实验 1 中 1.5.2 节的说明。

2. 外延工艺的设置方法

（1）完成衬底设置后，在点亮的按钮中选择"外延"（Epitaxy VPE MBE），出现外延的设置选项，选择外延材料为"硅"，如图 6.8 所示。

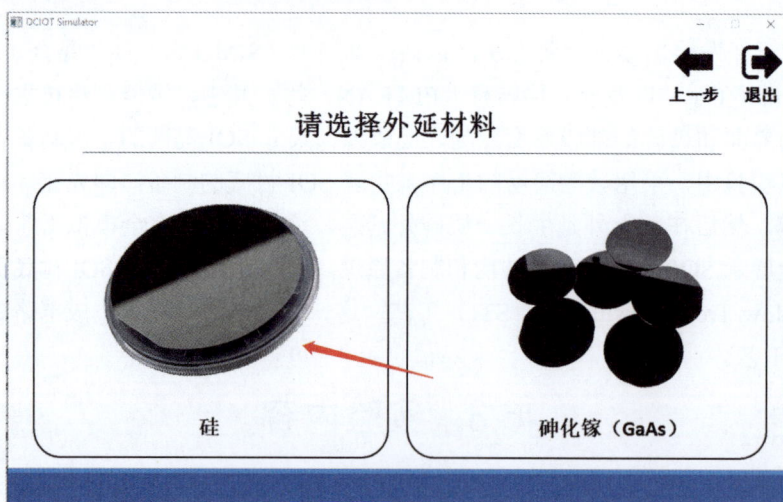

图 6.8　外延材料选择操作示意图

（2）选择外延掺杂杂质类型为硼，如图6.9所示。

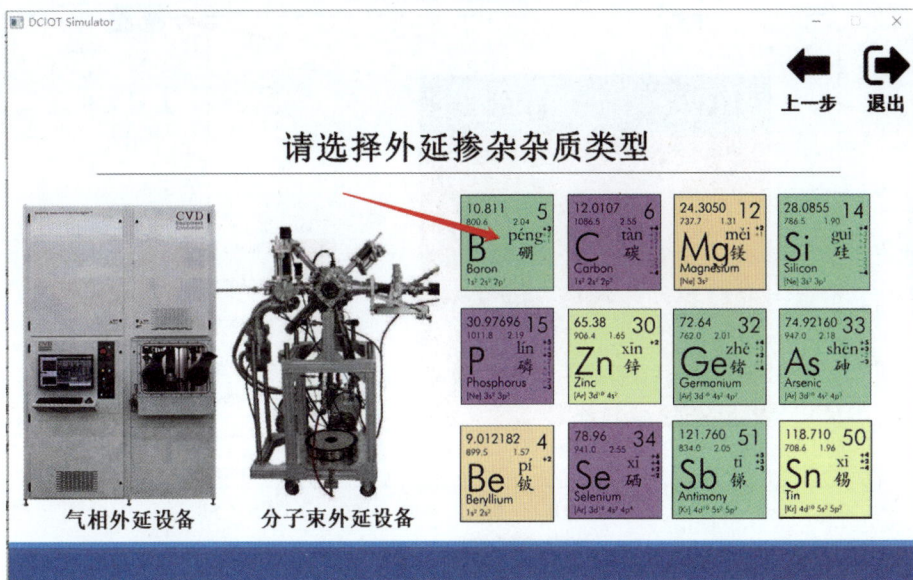

图6.9　外延掺杂杂质类型选择操作示意图

（3）设置外延厚度为0.2μm，外延掺杂浓度为$1×10^8 cm^{-3}$。完成设置后，单击"完成设置"按钮，如图6.10所示。

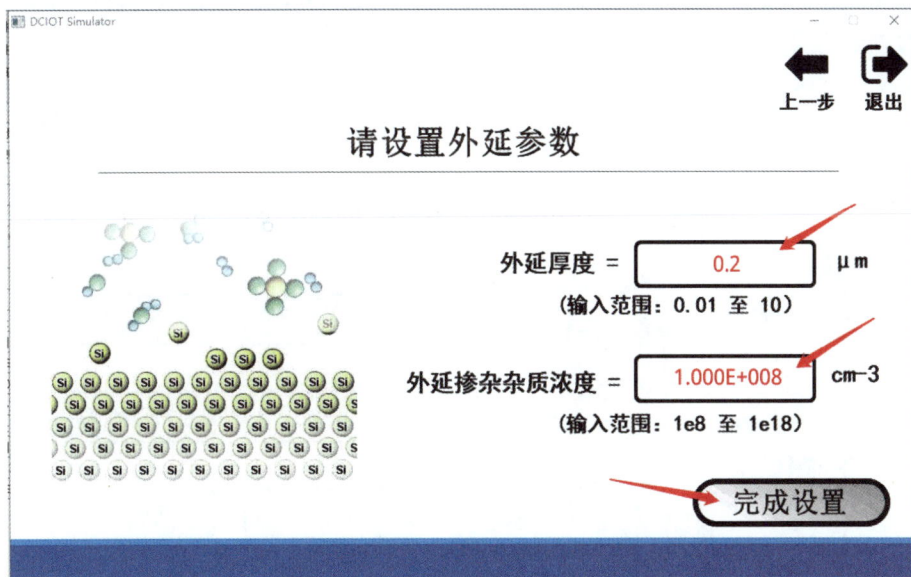

图6.10　外延参数设置操作示意图

（4）根据提示完成连接（如已连接，此步骤可忽略），然后单击 HSLab 软件中的"工艺仿真"按钮，就可以得到外延结果，如图6.11所示。

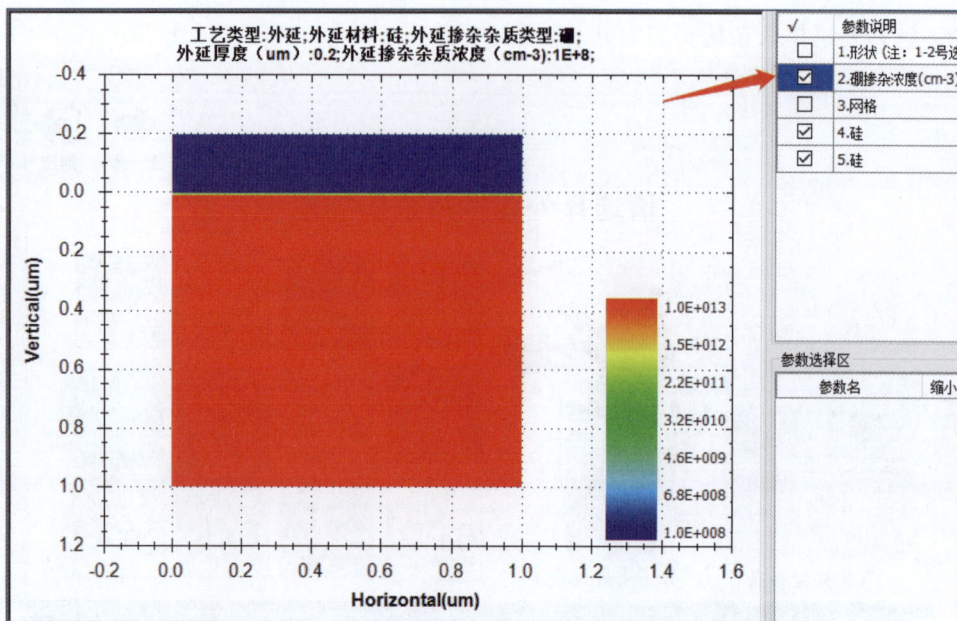

图 6.11　外延生长硼杂质分布色阶图

3. 淀积的设置方法

（1）在点亮的按钮中选择"淀积"（Deposit PVD CVD），出现淀积的设置选项，选择淀积材料为"氮化层"，如图 6.12 所示。

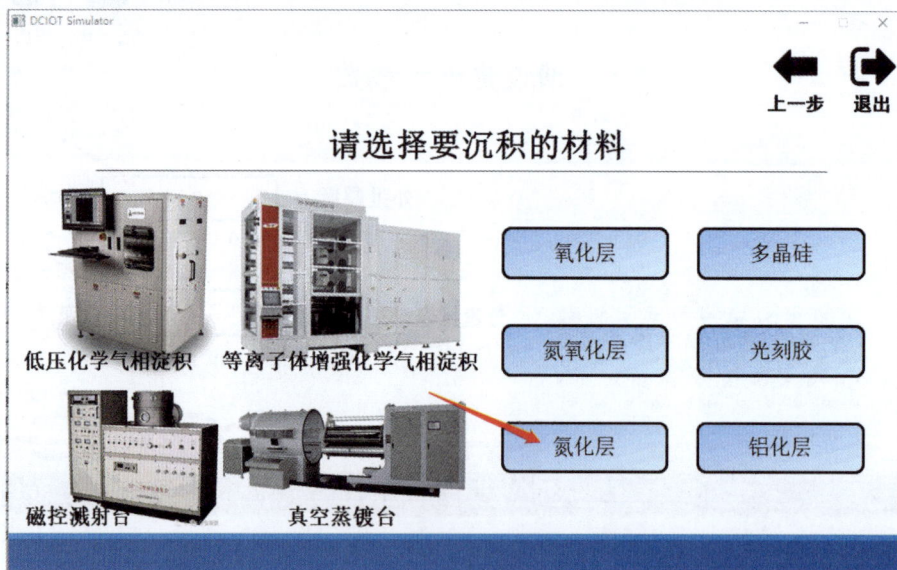

图 6.12　淀积材料选择操作示意图

（2）设置淀积的相关参数，淀积厚度为 0.2μm，淀积掺杂杂质为硼，掺杂浓度为 $1 \times 10^{18} \mathrm{cm}^{-3}$。设置完成后，单击"完成设置"按钮，如图 6.13 所示。

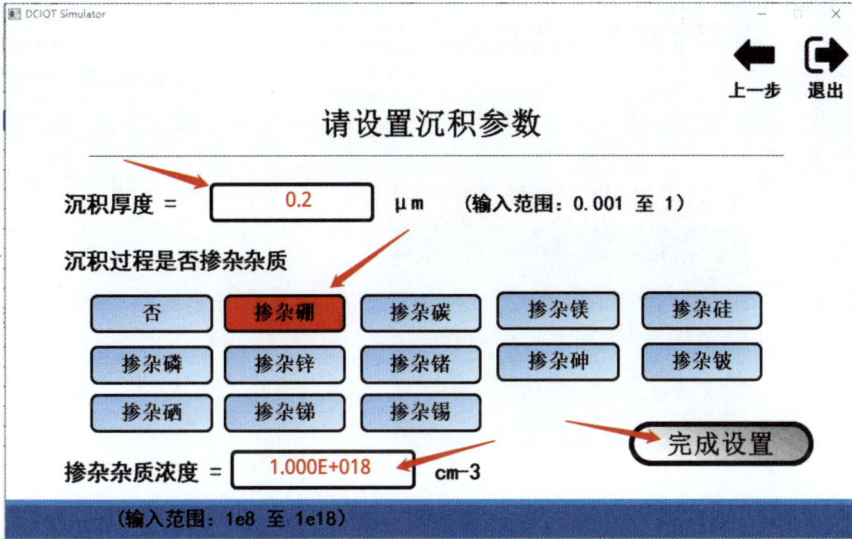

图 6.13　淀积参数设置操作示意图

提示：后续所有实验中，如果没有特别说明掺杂，则淀积工艺默认不进行掺杂。

（3）根据提示完成连接（如已连接，此步骤可忽略），然后单击 HSLab 软件中的"工艺仿真"按钮，就可以得到淀积结果，如图 6.14 和图 6.15 所示。可以看到，在刚才 0.2μm 的外延层上方，又淀积了一层掺杂浓度为 $1×10^{18}cm^{-3}$ 的氮化层。

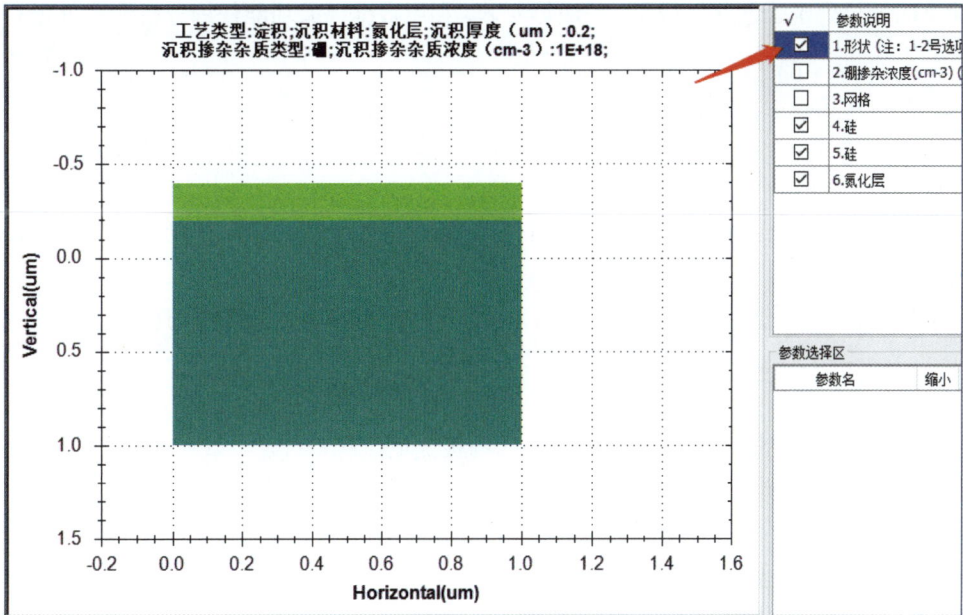

图 6.14　淀积工艺完成后的结构示意图

4. 应用外延工艺进行多层外延

采用实验 1 中 1.5.2 节的提示生成衬底后，首先进行第一层外延，外延阻挡层（又称为隔离层或高阻层）：外延材料为硅，注入杂质为硼，外延厚度为 0.2μm，外延掺杂浓度为 $1×10^8 cm^{-3}$。

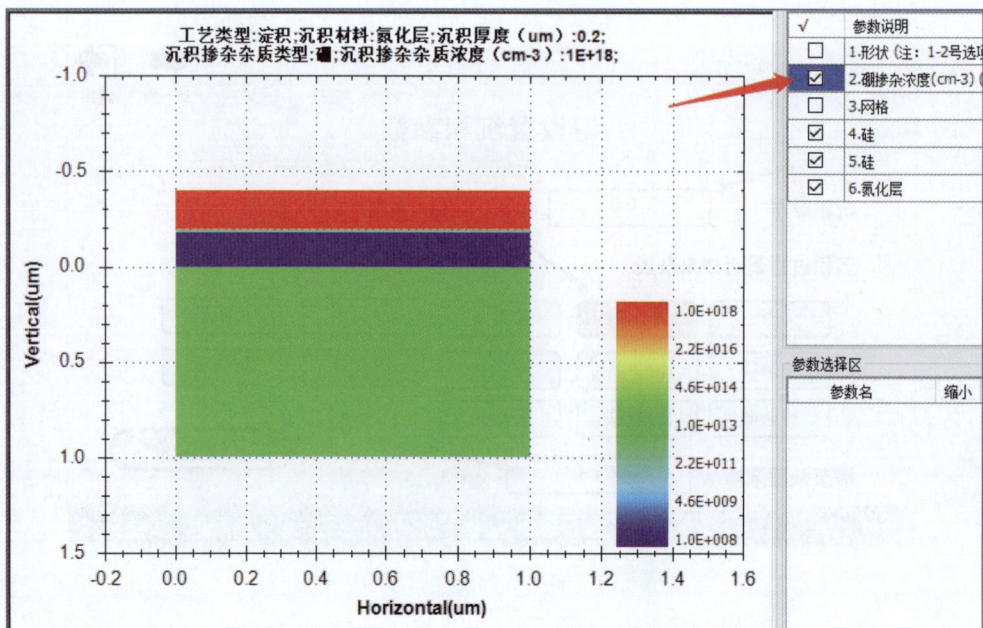

图 6.15　淀积工艺完成后硼掺杂浓度示意图

接下来，进行第二次外延，外延低阻沟道区（又称为有源区）：外延材料为硅，注入杂质为硼，外延厚度同样为 0.2μm，外延掺杂浓度升高到 $1×10^{18}$cm^{-3}。

简单的多层外延工艺就完成了，完成该实验，利用数据提取功能仔细分析两次外延的作用。

5. 应用外延和淀积工艺制作 SOI 衬底

采用实验 1 中 1.5.2 节的提示生成衬底后，首先淀积 SiO$_2$ 绝缘层：淀积材料为氧化硅、淀积厚度为 0.01μm，不进行掺杂。

接下来，外延硅形成 SOI 结构：外延材料为硅，掺入杂质为硼，外延厚度为 0.02μm，掺杂浓度为 $1×10^{16}$cm^{-3}。

SOI 衬底就制作完成了，完成该实验，仔细分析淀积和外延的作用与区别。

6. 制作 MOSFET 基本单元的侧墙结构

制作图 6.16 所示的 MOSFET 基本单元的栅极侧墙结构，完成一系列前道工艺，包括栅氧化层、多晶硅栅和侧墙。完成该实验，仔细分析相关实验过程。

提示如下：

采用 5.2.1 节中的提示生成衬底后。

① 进行氧化形成栅氧化层，氧化方法为干法氧化，氧化时间为 60 分钟，氧化温度为 1000℃。

② 淀积多晶硅，作为多晶硅栅的材料，淀积厚度为 0.2μm。

③ 光刻多晶硅，光刻位置为 0~0.4μm 和 0.6~1.0μm，从而形成多晶硅栅的主体。

④ 光刻氧化层，光刻位置同样为 0~0.4μm 和 0.6~1.0μm，从而形成栅氧化层的主体。

⑤ 淀积氮化层，淀积厚度为 0.05μm，作为侧墙的材料。

⑥ 刻蚀氮化层，刻蚀厚度同样为 0.05μm，这样，就留下了侧墙位置的氮化层，将其他多余的氮化层去除，从而完成 MOSFET 基本单元的主体结构。

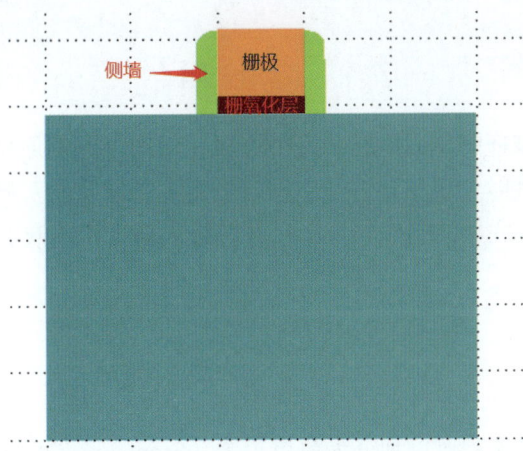

图 6.16　MOSFET 基本单元的栅极侧墙结构

6.6　实验结果分析

（1）采用一维数据提取功能、数据画图功能进行详细的理论分析和数据对比。

（2）采用非提示给出的器件大小、仿真设置和衬底设置，自行设计器件大小和结构、仿真网格和衬底进行实验，并进行数据分析和对比。

6.7　思考题

（1）列举薄膜淀积工艺的几个主要阶段。

（2）简述获得二氧化硅薄膜的工艺方法有哪些，并对比它们的优缺点。

（3）多晶硅为什么可以作为栅极？淀积多晶硅栅通常采用什么工艺？

（4）LPCVD 中的低压有什么好处？

（5）对比 PECVD 与 LPCVD，它们的主要差别是什么？

（6）对 LPCVD 和 PECVD 淀积的氧化硅进行刻蚀，哪种材料的刻蚀速率更快？

（7）与传统单晶硅衬底相比，使用 SOI 衬底有什么优点？

（8）什么是浅槽介质隔离工艺？相比 LOCOS 工艺有什么优点？

6.8　拓展实验

设计一个浅槽介质隔离工艺，在 SOI 衬底上完成相应的实验。

实验 7　金属化后道工艺分析与应用

7.1　实验目的

通过本实验，进一步理解集成电路制造中金属化后道工艺的原理与流程，特别是物理气相淀积工艺中的蒸发和溅射金属制备方法；同时使用多功能实验基础平台和半导体参数分析仪完成金属电极、多层互联层的制作与分析，并熟悉大马士革镶嵌工艺的制作工序。

7.2　实验原理

7.2.1　工艺定义

集成电路制造工艺的流程可以划分为前道工艺（Front End Of Line，FEOL）和后道工艺（Back End Of Line，BEOL）两大阶段。前道工艺是指在晶圆内形成出晶体管等结构，涉及光刻、刻蚀、氧化、离子注入等多种工艺，这些内容已经在前面进行了系统阐述。而后道工艺则聚焦于半导体芯片表面金属互联层的构建，即通过淀积和图形化金属材料形成导电通路，实现器件（如晶体管）之间的电学连接，最终得到具有特定功能的电路或芯片，这一过程也被简称为金属化工艺（Metallization Process）。

7.2.2　工艺原理

图 7.1（a）展示了集成电路在完成多层金属布线完成后的实际结构，图 7.1（b）则从工艺实现的角度呈现了金属化工艺的示意图，主要包括金属接触（Contact）、通孔（Via）、金属互联（Interconnect）三大关键工艺。下面逐一对它们进行介绍。

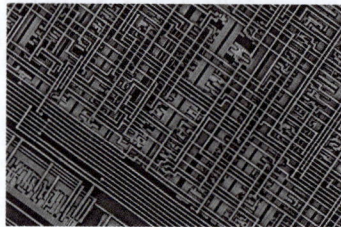

（a）集成电路多层金属布线完成后的实际结构

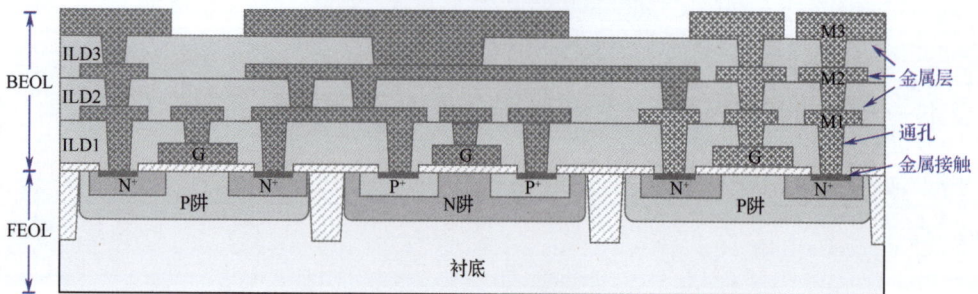

（b）金属化工艺的横截面图

图 7.1　集成电路的金属化工艺

1. 金属接触

金属接触特指器件有源区表面（如晶体管的源极和漏极）的半导体材料与第一层金属（M1）之间的界面连接。为了确保第一层金属和半导体材料表面之间具备良好的导电性能，并且达到期望的电接触界面及界面附着力，一般会加入快速退火的处理，使得金属与硅反应形成合金（硅化物），从而降低接触电阻。金属接触也称为欧姆接触，因为其接触界面的伏安特性满足欧姆定律。

一个低电阻且高可靠性的金属接触界面是非常重要的，因为任何一个接触点的失效都可能引起整个芯片的失效。目前，在硅基集成电路制造中，常用的接触金属包括钛（Ti）、钴（Co）和镍（Ni）等，其比接触电阻已可低至 $1\times10^{-7}\Omega\cdot cm^2$。在实际设计时，还需要综合权衡接触性能和工艺复杂度等，同时针对不同应用场景（逻辑芯片、存储器、功率器件等），以选择合适的金属材料、掺杂方案和接触界面。

2. 通孔

通孔是指穿过介质层后实现相邻金属层垂直互联的导电通道。一般情况下，完成前道工艺后的器件表面会有一层绝缘介质，而在不同的金属层之间也会有绝缘介质作为层间介质（Inter-Layer Dielectric，ILD）。因此，每一层金属的金属化工艺首先要对该层间介质进行光刻和刻蚀，从而在金属层和硅之间形成连接通道。

通孔形成之后，需要对其进行填充来连接相邻金属层，这就要求填充金属具备良好的台阶覆盖效果，以避免出现空洞和空隙。对于较宽的线宽制程，一般会选择铝作为填充金属；对于窄的线宽制程，则可以使用钨和铜作为填充金属。

3. 金属互联

金属互联是指将同一芯片内部独立的元件按照电路拓扑结构，通过金属导电材料实现电气连接。该工艺包含以下环节：首先，在介质层上进行光刻和刻蚀，形成通孔；其次，通过蒸发、溅射等物理气相淀积（PVD）或化学气相淀积（CVD）技术，在整个晶圆表面和通孔内淀积一层金属薄膜；再次，通过光刻、湿法腐蚀（或刻蚀、剥离）等方式选择性去除部分区域的金属，实现金属的图形化；最后，对剩余的金属通过接触退火处理，确保形成稳定可靠的接触和互联效果。

在超大规模集成电路（VLSI）出现之前，金属化工艺相对简单，通常只需两层金属。随着半导体器件特征尺寸的持续微缩和电路复杂度的指数级增长，现代先进制程已普遍采用多层金属互联架构。当前，最前沿的集成电路制造技术可集成超过 20 层的金属互联层，其实现方式是通过交替淀积层间介质（ILD）和金属层的循环工艺，即在每完成一层金属互联后，先淀积新的介质层并进行平坦化处理，再重复执行通孔刻蚀、金属淀积及图形化等环节。

通过不断重复上述过程，逐层构建互联网络，最终形成复杂的多层金属互联架构，从而有效支持系统应用对高集成度、高信息传输效能、低功耗控制等方面的需求，持续推动现代集成电路技术的发展。

7.2.3 工艺形成方法及影响因素

1. 金属材料

（1）铝

铝是集成电路制造中最主要和应用最广泛的金属之一。作为互联金属，铝具备以下优点：铝的材料成本低廉，且淀积工艺简单；铝的电阻率相对较低，有利于提高电路性能；铝的刻蚀工艺兼容性较好，可采用干法或湿法进行刻蚀；铝与氧化硅之间具有良好的附着性。

然而，用纯铝作为互联金属会产生一些问题，严重影响集成电路的可靠性，导致芯片受损或失效。首先是"铝穿刺"问题，即纯铝和硅之间产生相互扩散，铝会穿透有源区进入硅中，从而产生短路的现象，这通常发生在高温加工过程中（比如形成欧姆接触）。为了避免"铝穿刺"问题，可以使用硅铝合金替代纯铝，或加入阻挡层金属，来防止铝向硅中扩散。

另一个是"电迁移"问题，即长期导电时电子和铝原子相互碰撞，引起铝原子的移动而产生堆积或位移，最终可能造成铝互联线开路或短路。有一些方法可以改善"电迁移"的问题，例如使用铝铜合金替代纯铝，或使用"三明治"结构（TiN-Al-TiN）来防止铝的堆积。

（2）铜

随着半导体工艺技术的发展，铜因其独特的优势，逐渐成为集成电路制造中的重要互联金属。铜的电阻率比铝更低，不仅能降低金属层电阻，也能有效减小电路延时并提高电路速度；铜原子更重，抵御电迁移的能力更强；相比金、银等昂贵金属，铜的成本比较低。以上这些优势都为铜的大范围使用提供了可能。

然而，铜的一些缺点限制了其在集成电路中的早期应用：铜很难附着在硅化物上；铜也容易在硅和硅化物中扩散，导致重金属污染；缺乏有效刻蚀铜的方法和工艺。随着化学机械抛光（Chemical Mechanical Polishing，CMP）技术的出现，利用大马士革镶嵌工艺可以避免刻蚀铜这一难题。目前，业界已经普遍使用铜替代了传统的铝作为金属互联材料。

（3）阻挡层金属

阻挡层金属通常是指上下层不同材料之间的隔离层，用以防止上下层材料的相互扩散并提高它们的黏附作用，在集成电路制造中也被广泛使用。目前，常用的阻挡层金属有钛（Ti）、氮化钛（TiN）、钽（Ta）等，它们具备较低的接触电阻、较好的侧壁和台阶覆盖率以及较高的阻挡性。

比如，钛作为阻挡层金属可以增强铝互联线在硅化物上的附着力，减小互联线与通孔之间的接触电阻及应力；氮化钛作为阻挡层金属可以防止硅和铝层之间的相互扩散，避免出现"铝穿刺"和"电迁移"等问题。随着半导体工艺的不断发展，特别是铜工艺的应用，使用更薄的钽/氮化钽作为阻挡层金属，其阻挡效果比钛/氮化钛更好。

2. 金属薄膜制备

在集成电路制造中，大多数金属及合金薄膜的制备可以采用物理气相淀积（Physical Vapor Deposition，PVD）工艺。物理气相淀积是指利用物理方式实现物质转移，将原子或分子由靶源气相转移到衬底表面形成薄膜的过程。该工艺具有温度低、工艺简单、适用范围广等优点，主要的制备方法包括蒸发和溅射两种。需要指出的是，化学气相淀积（Chemical Vapor Deposition，CVD）工艺同样适用于某些特殊金属（如阻挡层金属）的制备，该工艺已在实验6进行了详细介绍。因此，下面将重点阐述 PVD 工艺在金属薄膜制备中的应用。

（1）蒸发

蒸发（又称真空蒸镀）是最早用于金属薄膜制备的 PVD 方法，是指在高真空环境下加热金属材料，使其原子或分子获得足够能量并蒸发到真空中（汽化），最终淀积到晶圆表面形成金属薄膜，如图7.2所示。

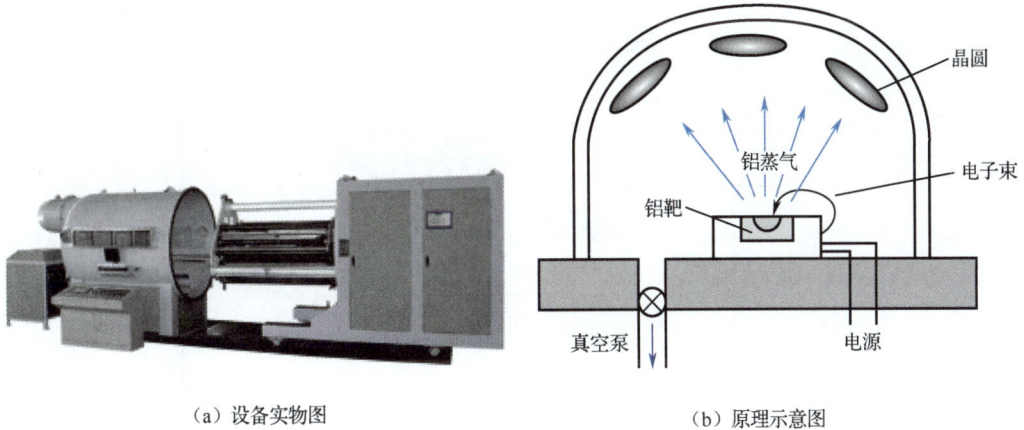

(a) 设备实物图　　　　　　　　　　(b) 原理示意图

图7.2　真空蒸发工艺设备

蒸发工艺具备设备简单、易于操作、薄膜纯度高、淀积速度快等优点，但是其附着性、工艺重复性和台阶覆盖率不够理想。随着集成电路单元尺寸的缩小，蒸发工艺也逐步被溅射工艺所代替。

（2）溅射

溅射是当前制备金属和合金等最常用到的 PVD 方法。该工艺通过激发氩气（Ar）等气体激发形成等离子体，并利用高能氩离子轰击金属靶材，使金属原子或分子溢出，散布在真空反应腔内，最终淀积到晶圆表面形成金属薄膜，如图7.3所示。

按照激发气体等离子化的电（磁）场不同，溅射可分为直流溅射、射频溅射、磁控溅射、反应溅射、离子束溅射等。溅射法制备的金属薄膜相比蒸发形成的薄膜的性能更好，除具有附着性好、台阶覆盖率高等优点外，还更容易控制其化学成分及组分比例，这非常有利于制备合金材料。

值得注意的是，溅射不仅可用于金属薄膜的制备，还可用来制备氧化硅等绝缘介质薄膜。只需将金属靶材更换成氧化硅靶材，然后用等离子体对其进行轰击，使得氧化硅分子溢出并散布在反应腔内，最终淀积到晶圆表面。该过程仅涉及物理过程，并不涉及化学反应。

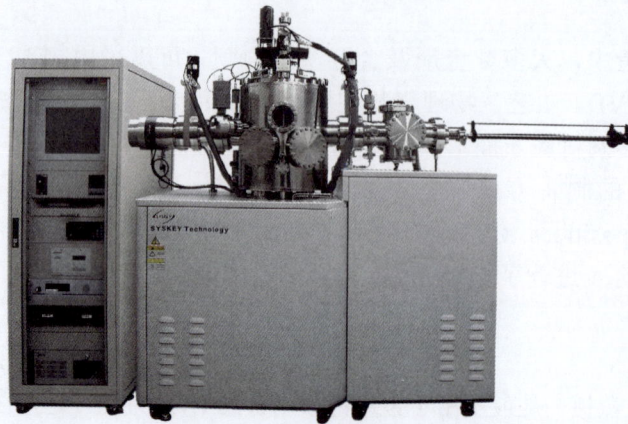

（a）设备实物图

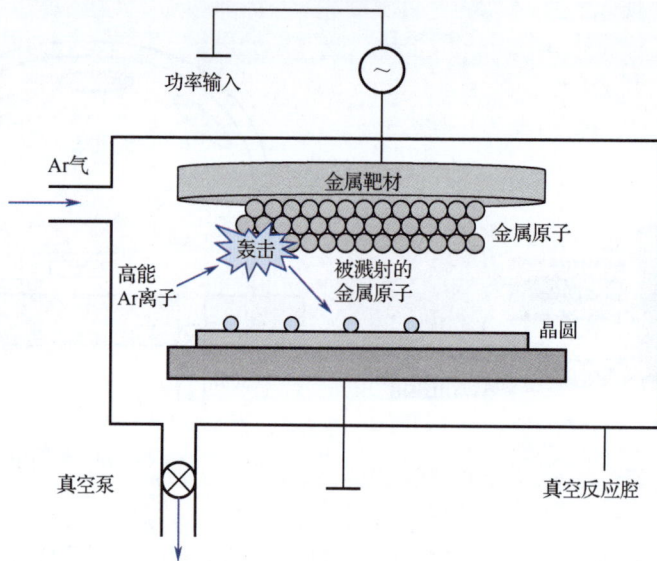

（b）原理示意图

图 7.3　溅射工艺设备

7.2.4　具体实践案例

如前所述，铜已经成为集成电路制造中越来越重要的互联金属。然而，由于铜不适合用干法刻蚀，大马士革镶嵌工艺应运而生，其主要思路：通过在层间介质刻蚀孔和槽，为每一层金属产生通孔和引线，然后淀积铜进入刻蚀好的孔和槽中，再使用（CMP）技术去除额外的铜。典型的单大马士革镶嵌工艺的基本工序如图 7.4 所示。

此外，业界还进一步开发了双大马士革镶嵌工艺，该工艺已成为先进集成电路多层布线中不可或缺的部分。双大马士革镶嵌工艺更加复杂，如图 7.5 所示。首先在覆盖了一层金属的样片上淀积一层介质并使用 CMP 技术对其抛光，然后用图形化工艺在介质层中产生一个通孔，再采用第二次图形化工艺去除部分介质，并在表面开出更宽的台阶槽。开口更宽的顶层盆结构，可以填充足够宽的铜以满足电路设计要求。该工艺的优势在于能够一步完成通孔的填充和铜金属导线的形成。

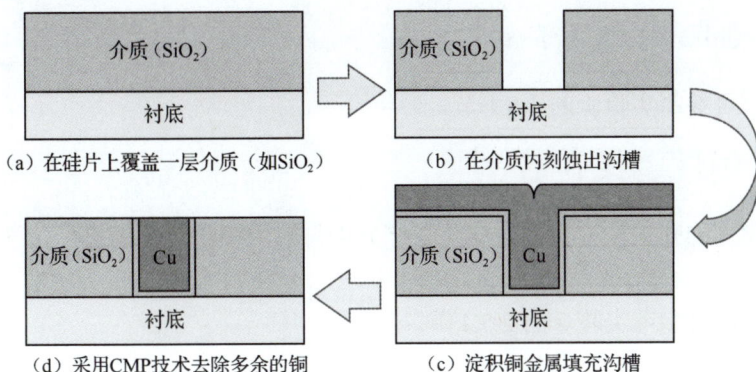

图 7.4　典型的单大马士革镶嵌工艺

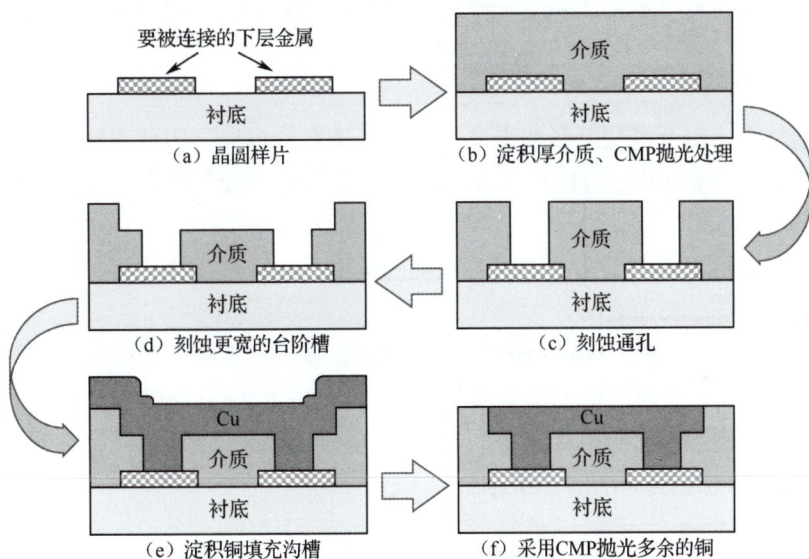

图 7.5　典型的双大马士革镶嵌工艺

7.3　实验内容

金属化工艺是微电子工艺课程所需要学习的重要工艺。本实验将通过制作金属电极、多层金属互联层等结构，使学生熟悉金属化工艺的原理及相关方法。实验内容包括以下几项：

（1）金属电极工艺；

（2）多层金属互联工艺；

（3）单大马士革镶嵌工艺。

7.4　主要仪器设备

此部分内容可参照实验 1 的 1.4 节。

7.5 操作方法与实验步骤

7.5.1 基础准备工作

此部分内容可参照实验 1 的 1.5.1 节。

7.5.2 实验过程及提示

根据已经学到的知识，并根据金属化工艺分析与应用实验流程的提示，学生自行设计并完成实验内容。

一些常用功能可参考实验 2 的 2.5.2 节。

1. 基础仿真设置和衬底设置

本实验的衬底设置与实验 2 完全一致，具体参考实验 2 中 2.5.2 节的说明。

2. 多层金属互联工艺设置的提示

在网格划分中，由于多层互联需要多个与衬底接触的电极，因此需要更加精细的网格，避免光刻间距小于 1 个网格，故网格划分方法与实验 2 的 2.5.2 节有所区别，可按下述描述进行网格划分。

X 轴：由于多层互联需要多个与衬底接触的电极，故网格需要比上一种金属电极更细一些，这里，选择网格步长为 0.05。

Y 轴：需要在衬底表面（$y=0$）增加仿真点数从而提高仿真精度，但由于 X 轴网格较金属电极更细，所以，在衬底表面的网格间距从 0.01 加大到 0.1，在远离衬底表面的区域适当降低仿真点数，从而获得更快的仿真速度。

具体网格设置如图 7.6 和图 7.7 所示。

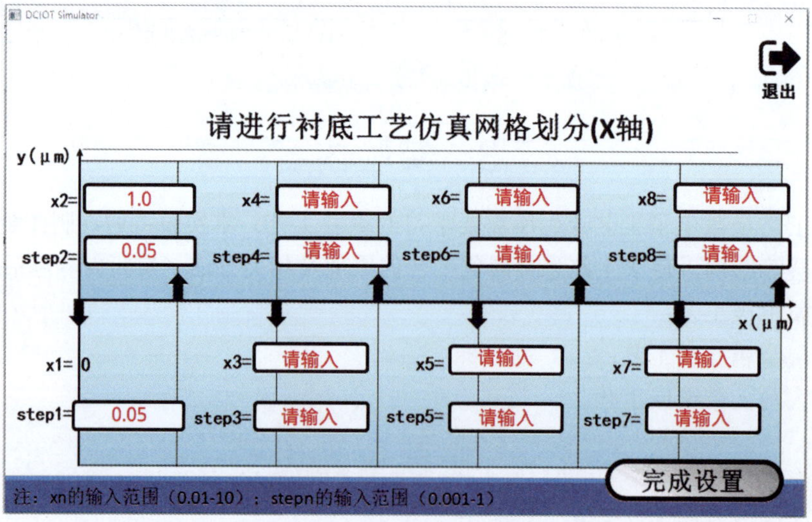

图 7.6 X 轴方向的网格设置

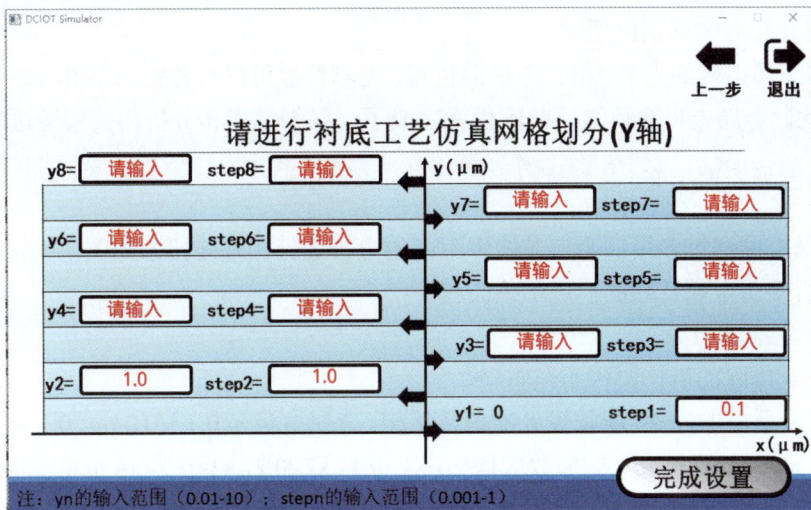

图 7.7　*Y*轴方向的网格设置

其他设置均为常规设置，具体如下。

① 工艺网格稠密度：5 度。

② 衬底材料：硅。

③ 初始掺杂杂质：硼。

④ 初始掺杂浓度：$1×10^{13}$cm^{-3}。

⑤ 衬底晶向：<100>。

3. 金属电极工艺

金属电极工艺主要用于制作金属电极，如图 7.8 所示。

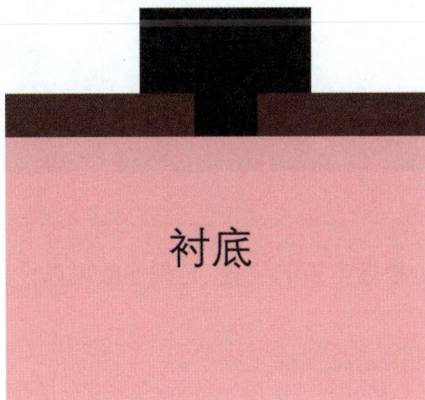

衬底

图 7.8　金属电极的结构示意图

采用实验 1 中 1.5.2 节的提示生成衬底后。

① 淀积 0.1μm 的氧化层作为介质层。

② 进行介质层的光刻，根据设计的器件结构，金属电极在 0.4～0.6μm 处，故光刻参数应该为：x1=0.4，x2=0.6。

③ 淀积 0.2μm 金属铝化层。

④ 进行金属电极的光刻，根据电极的位置，光刻参数可以设置为：x1=0，x2=0.3，x3=0.7，x4=1.0。至此，金属电极的后道工艺流程就完成了，仔细完成和分析相关实验过程。

4. 多层金属互联工艺

多层金属互联通过多层的金属布线将不同的电极进行相互连接，如图 7.9 所示。

下面进行多层金属互联的后道工艺流程：

（1）第一层互联工艺

① 淀积 0.1μm 的氧化层作为介质层。

② 进行介质层的光刻，根据设计的器件结构，金属电极在 0.1～0.2μm、0.3～0.4μm、0.6～0.7μm 和 0.8～0.9μm 处，故光刻参数应该为：x1=0.1，x2=0.2，x3=0.3，x4=0.4，x5=0.6，x6=0.7，x7=0.8，x8=0.9。

③ 淀积 0.1μm 金属铝化层。

图 7.9　多层金属互联工艺的实验结果图

④ 进行金属电极的光刻，根据电极的位置，光刻参数可以设置为：x1=0，x2=0.09，x3=0.41，x4=0.59，x5=0.91，x6=1.0。

至此，第一层金属互联的工艺流程就完成了。

（2）第二层互联工艺

① 淀积 0.1μm 的氧化层作为介质层。

② 进行介质层的光刻，根据设计的器件结构，第二层金属电极在 0.2～0.3μm、0.7～0.8μm 处，故光刻参数应该为：x1=0.2，x2=0.3，x3=0.7，x4=0.8。

③ 淀积 0.1μm 金属铝化层。

④ 进行第二层金属电极的光刻，根据电极的位置，光刻参数可以设置为：x1=0，x2=0.19，

x3=0.81，x4=1.0，光刻材料就是淀积的金属铝化层。

至此，第二层金属互联的工艺流程就完成了。

5. 单大马士革镶嵌工艺

采用实验 1 中 1.5.2 节的提示生成衬底后。

① 淀积 0.5μm 的氧化层作为介质层。

② 进行介质通孔（沟槽）的光刻及刻蚀，根据设计的器件结构，金属电极在 0.3～0.7μm 处，故光刻参数应该为：x1=0.3，x2=0.7。

③ 淀积 2μm 的金属铜填充沟槽，也可以尝试淀积不同厚度的金属，观察金属填充效果。

④ 采用 CMP 技术来抛光去除多余的铜。本实验中，以无图形刻蚀（泛刻）2μm 铜的方式，来替代 CMP 技术，无须设置刻蚀窗口。

至此，单大马士革镶嵌工艺的流程就完成了。

7.6　实验结果分析

（1）采用一维数据提取功能、数据画图功能进行详细的理论分析和数据对比。

（2）采用非提示给出的器件大小、仿真设置和衬底设置，自行设计器件大小和结构、仿真网格和衬底进行实验，并进行数据分析和对比。

7.7　思考题

（1）解释下面的名词：互联、接触、通孔。

（2）列举铝被选为集成电路互联金属的原因。

（3）什么是欧姆接触？它有什么作用？

（4）对比蒸发和溅射方法，哪种方法更适合"合金薄膜"的淀积？

（5）使用大马士革镶嵌工艺的主要原因是什么？

7.8　拓展实验

根据图 7.5 设计的双大马士革镶嵌工艺工序，完成相应的工艺实验，仔细分析相关的实验过程。

实验8 电阻成套工艺分析与应用

8.1 实验目的

通过本实验，进一步熟悉半导体工艺的原理和集成电阻的类型；使用多功能实验基础平台和实验用半导体参数分析仪，完成电阻制作的成套工艺。

8.2 实验原理——集成电路中电阻的类型和结构

集成电路中电阻的类型多样，比较常见的电阻有以下几种。

1. 扩散电阻

扩散电阻是通过杂质扩散形成的电阻，因制作方法不同，也可以分为阱电阻和 P+/N+电阻。扩散电阻的阻值与扩散的杂质类型、掺杂浓度和扩散深度等有关。扩散电阻的工艺稳定性相对较差，容易受温度和阱电压、衬底电压的影响，从而呈现出非线性，并且其绝对数值也较难精确控制，匹配难度较大。

2. 离子注入电阻

离子注入电阻是通过离子注入工艺形成的电阻，可以通过改变离子注入的能量、剂量以及注入层的厚度等参数精确地控制电阻的阻值。在一定的温度范围内，离子注入电阻的阻值变化相对较小，具有较好的温度稳定性。离子注入电阻与集成电路制造工艺的兼容性好，可以在同一芯片上与其他器件一起集成制造，有利于提高电路的集成度和性能。

3. 多晶硅电阻

多晶硅电阻是标准 CMOS 工艺中较为理想的无源电阻，是由用作 MOS 管栅极的多晶硅层做成的电阻。有些工艺除了有用来做栅极的多晶硅，还有专门用来做电阻的其他多晶硅层。多晶硅电阻的阻值可以通过控制多晶硅条的尺寸和形状来调整。掺杂硅化的多晶硅电阻的电阻率较小，通常最大方块电阻值为 100Ω/□左右，其阻值会受注入材料中的掺杂浓度的影响，阻值的变化范围较大，计算准确值有一定难度。掺杂非硅化或非掺杂非硅化的多晶硅电阻的阻值较大，方块电阻值可以达到 2000Ω/□左右，在精度和匹配性能方面相对较好。多晶硅电阻的优点是与集成电路制造工艺的兼容性好，可以在同一芯片上与其他器件一起集成制造，成本相对较低。

4. 金属电阻

金属材料（如铝、铜等）也可以用于制作集成电路中的电阻。金属电阻的优点是电阻值相对较小，导电性好，能够承受较大的电流。但是，金属电阻的精度和稳定性相对较差，并且在集成电路制造过程中需要特殊的工艺来制备。

集成电路中的电阻都需要有两个金属接触端口和其他器件形成电连接。这两个端口称作电阻头，在一般工艺制程中都有其固定的面积、形状和掺杂浓度，电阻值为 50Ω 左右。在制造电阻头时，要在高浓度掺杂区域形成金属硅化物和欧姆接触以减小接触电阻。

8.3　实验内容

电阻是集成电路中的常用元件。本实验将完成集成电路扩散电阻的整套制作工艺流程。图 8.1 所示给出了完整的扩散电阻制作工艺流程。

（1）前道工序：制作 N 型扩散区。

（2）后道工序：制作 P 和 N 两个电极。

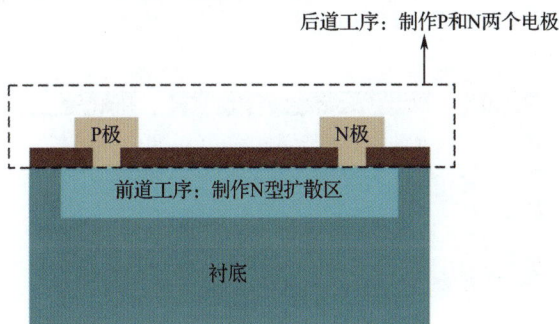

图 8.1　扩散电阻制作工艺流程

扩散电阻工艺制作过程中需要注意的核心事项（见图 8.2）如下：

① 扩散电阻的扩散区的净掺杂需全部为正值或负值；

② 扩散电阻的等效长度需至少为 1nm；

③ 扩散电阻的等效掺杂浓度不能为 0；

④ 扩散电阻的深度需要大于 0。

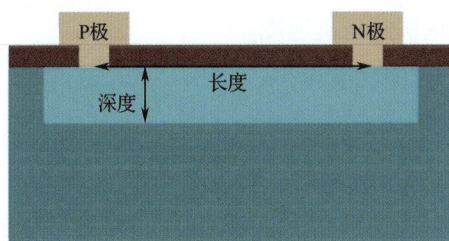

图 8.2　扩散电阻横截面示意图

8.4　主要仪器设备

此部分内容可参照实验 1 的 1.4 节。

8.5　操作方法与实验步骤

8.5.1　基础准备工作

此部分内容可参照实验 1 的 1.5.1 节。

8.5.2 实验过程及提示

根据已经学到的知识和电阻成套工艺流程的提示，读者可自行设计并完成电阻的成套工艺流程。

一些常用功能可参考实验 2 的 2.5.2 节。

1. 基础仿真设置和衬底设置

首先给出电阻的一种设计方法，供实验参考。如图 8.3 所示，扩散电阻的整体衬底尺寸为 1μm×1μm，N 型扩散区在 0.25～0.75μm 处。

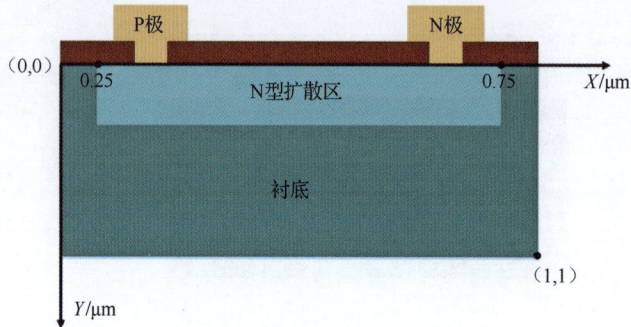

图 8.3　扩散电阻的坐标设置

衬底的网格划分原则如下。

X 轴：需要在电阻扩散区的边界（0.25μm、0.75μm 处）增加仿真点数从而提高仿真精度，在其他区域适当降低仿真点数从而获得更快的仿真速度。

Y 轴：需要在衬底表面（y=0）增加仿真点数从而提高仿真精度，在远离衬底表面的区域适当降低仿真点数从而获得更快的仿真速度。

所以，网格设置如图 8.4 和图 8.5 所示。

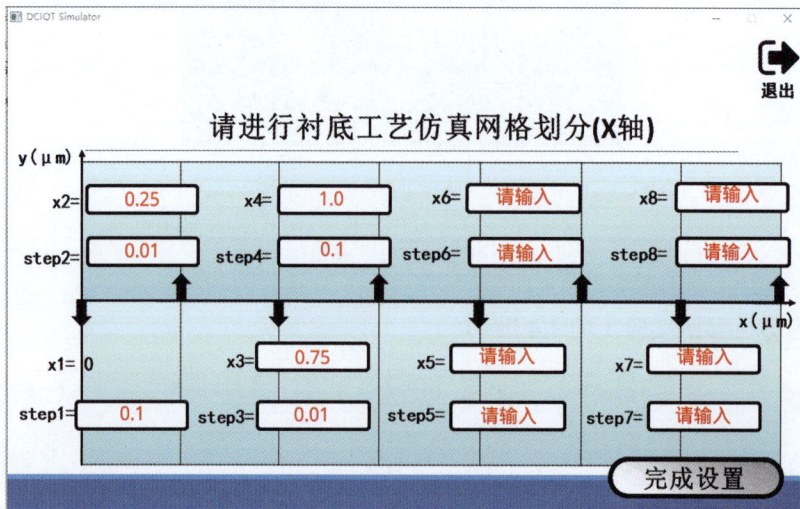

图 8.4　X 轴方向的网格设置

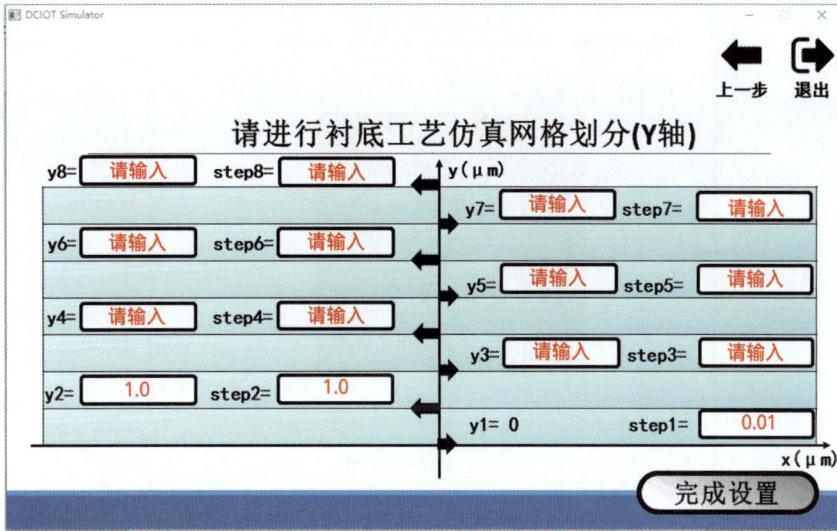

图 8.5 *Y* 轴方向的网格设置

其他设置均为常规设置，具体设置如下。

① 工艺网格稠密度：5 度。

② 衬底材料：硅。

③ 初始掺杂杂质：硼。

④ 初始掺杂浓度：$1 \times 10^{13} cm^{-3}$。

⑤ 衬底晶向：<100>。

2. 关于实验思路的提示

制作 N 型扩散区或 P 型扩散区，可以参考实验 5 的 5.5.2 节。

制作 P 和 N 两个电极，可以参考实验 7 的 7.5.2 节。

3. 实验过程

下面仅给出制作电阻的前三步，供实验参考。

根据实验原理，需要在前道工序制作 N 型扩散区，N 型扩散区的制作与基本的局部掺杂工艺一致，可以参考实验 5 的 5.5.2 节。

（1）淀积掩蔽层，淀积材料为氮化层，淀积厚度为 0.1μm，结果如图 8.6 所示。

（2）进行 N 型扩散区的光刻，根据上述设计，将 *X* 轴 0.25～0.75μm 作为 N 型扩散区，故光刻窗口为 x1=0.25，x2=0.75。光刻材料就是淀积的掩蔽层材料——氮化层，光刻后的结果如图 8.7 所示。

（3）进行离子注入，注入 N 型磷离子，注入剂量为 $1 \times 10^{14} cm^{-2}$，注入能量为 10keV，注入角度为 0°，注入后的磷掺杂结果如图 8.8 所示。

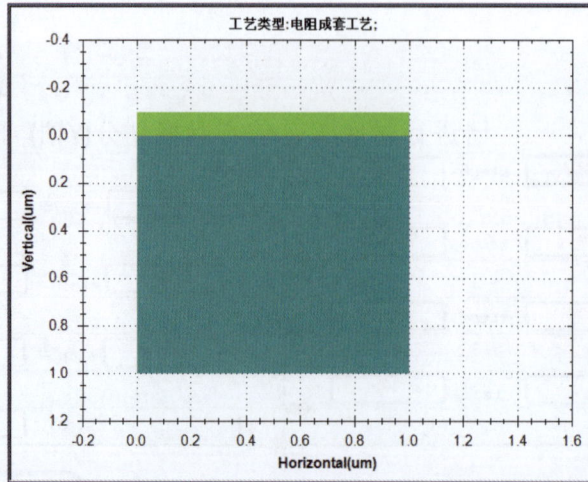

图 8.6　淀积氮化层后的结果示意图

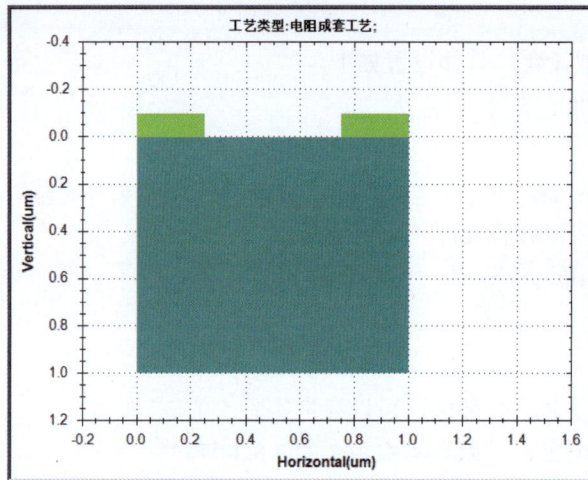

图 8.7　光刻氮化层后的结果示意图

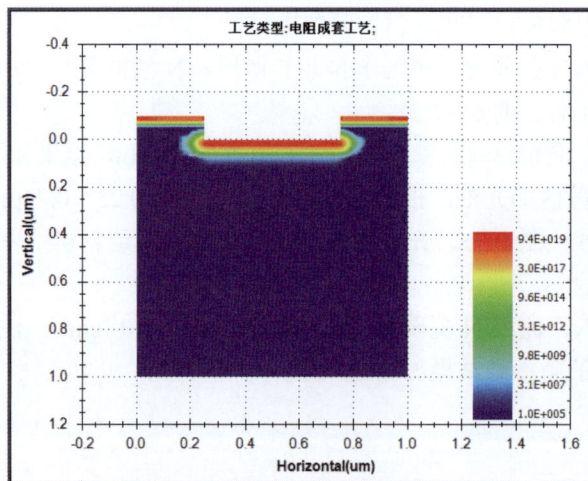

图 8.8　磷离子注入后的掺杂浓度分布图

提示 1：如果首次尝试的离子注入参数达不到想要的效果，可以通过数据回溯功能恢复到离子注入前的结果，重新设置相关离子注入参数，按此方式循环往复进行调试，获得最终想要的掺杂效果，如图 8.9 所示。

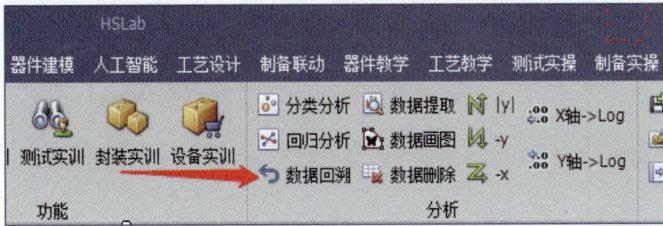

图 8.9　数据回溯操作示意图

提示 2：除了查看二维磷离子掺杂图，还可以利用数据提取功能获取一维数据，以更加详细地分析相关结果。如图 8.10 所示，首先选择磷掺杂浓度，然后单击菜单栏中的"数据提取"按钮，在弹出的界面中选择数据提取方式并输入提取坐标值，单击"确定"按钮后即可查看一维数据结果，如图 8.11 所示。

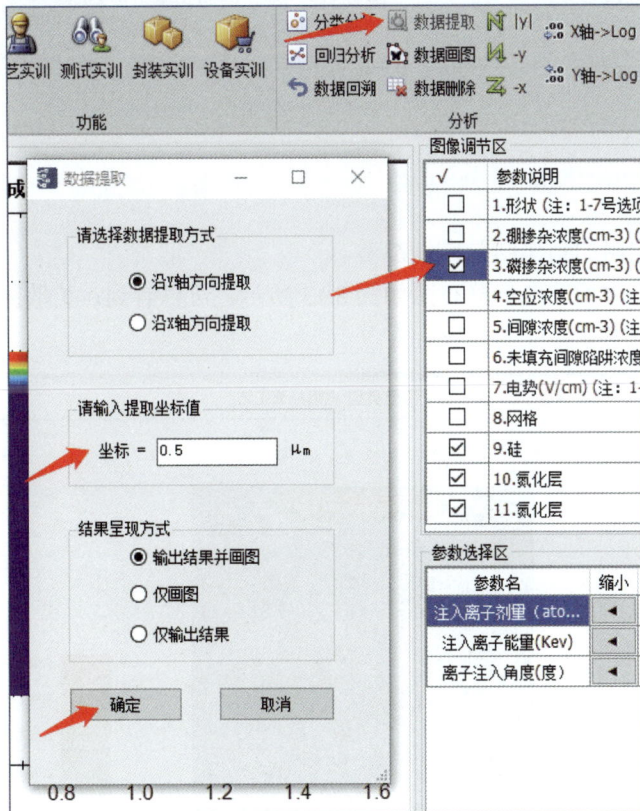

图 8.10　数据提取操作示意图

提示 3：如果一次实验不能完成全部的电阻制作工艺流程，可以单击"配置输出"按钮将实验结果保存，并在下次实验中，单击"工艺与联动配置"按钮将保存的实验结果导出，这样就可以继续完成后续实验了，如图 8.12 所示。

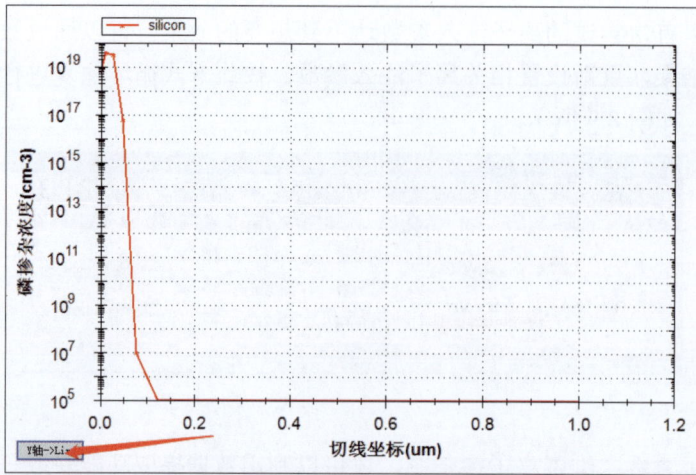

图 8.11　提取的磷掺杂浓度曲线

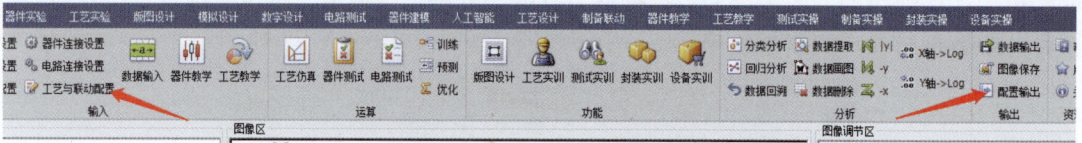

图 8.12　保存工艺仿真状态和配置操作示意图

4. 关于实验结果的提示

在此提供一种电阻的制作结果作为参考。

完成电阻前道工序后的电势分布图如图 8.13 所示。可以看到，扩散区的位置与设计的位置一致，满足电阻的电学特性的要求。

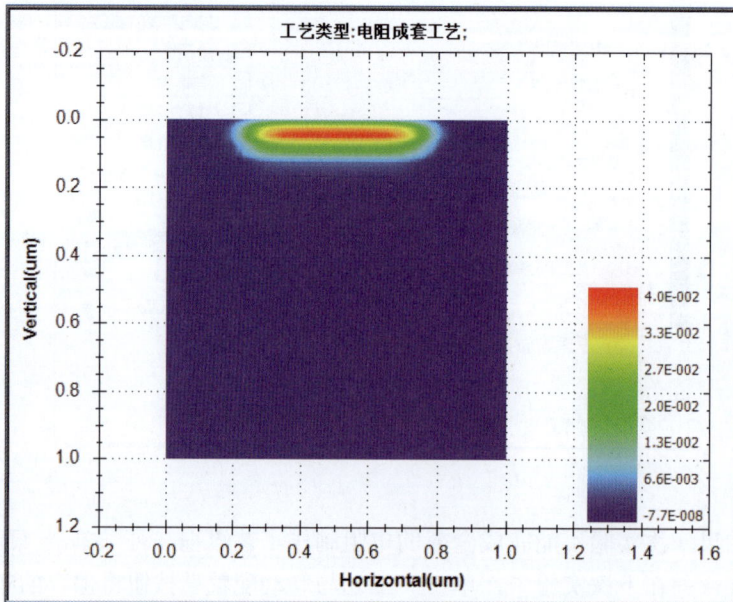

图 8.13　完成电阻前道工序后的电势分布图

完成电阻成套工艺流程后的电阻结构和电势分布图如图 8.14 所示。

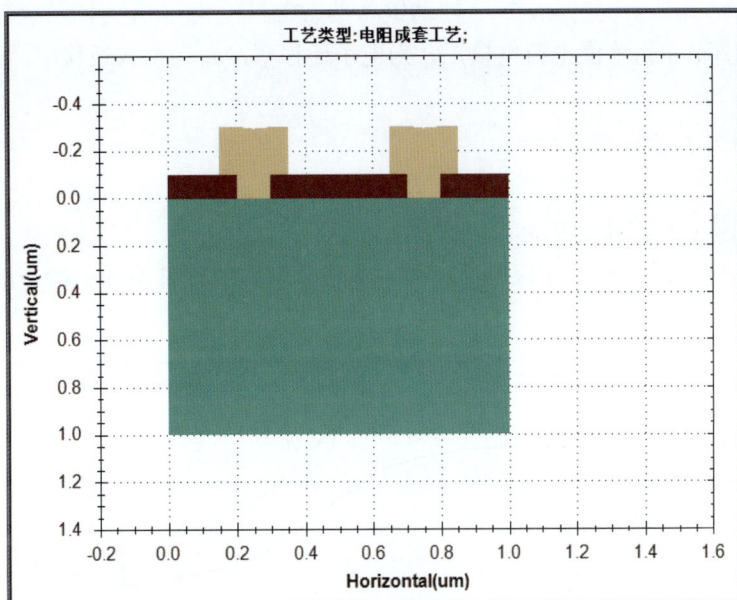

（a）电阻结构

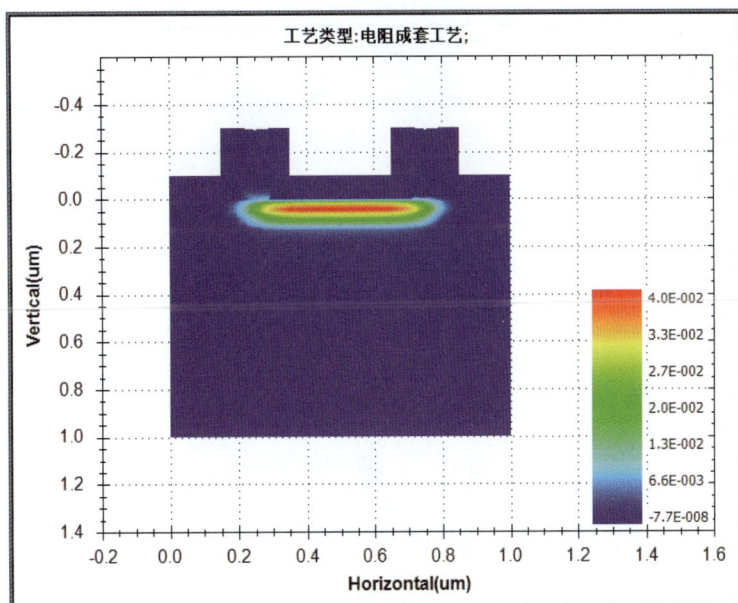

（b）电势分布图

图 8.14　完成电阻成套工艺流程后的电阻结构和电势分布图

8.6　实验结果分析

根据实验结果估算电阻的方块电阻值。

相关提示：

（1）电阻的电阻率满足如下公式：

$$\rho = \frac{1}{q(\mu_n n + \mu_p p)}$$

其中，ρ 为电阻率，q 为单位电荷电量，μ_n 为电子迁移率，μ_p 为空穴迁移率，n 和 p 分别为电子和空穴的浓度。

（2）方块电阻 $R_\square$ 的计算公式为

$$R_\square = \rho / w$$

其中，ρ 为电阻率，w 为电阻的深度（厚度）。

（3）室温条件下，硅和砷化镓单晶材料中电子和空穴的迁移率随总掺杂浓度的变化关系如图 8.15 所示。

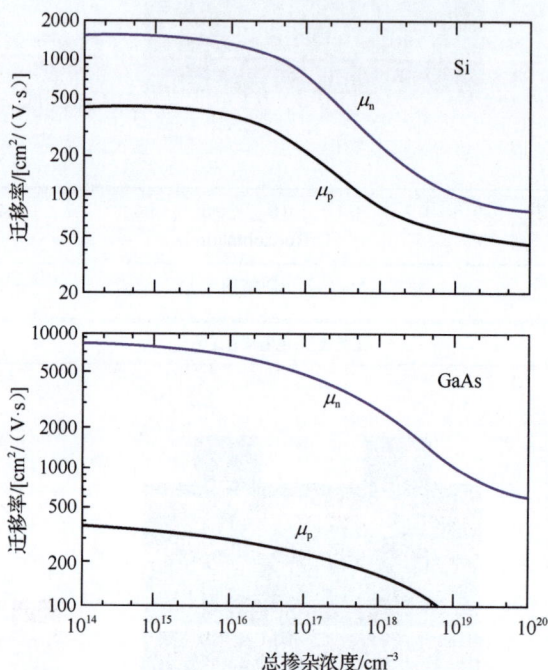

图 8.15　硅和砷化镓单晶材料中电子和空穴的迁移率随总掺杂浓度的变化关系

8.7　思考题

（1）结合工艺的特点，分析比较离子注入电阻和扩散电阻的方块电阻值、误差范围，总结两者的优缺点，并分析两种类型电阻的适用场合。

（2）考虑一均匀受主掺杂的条形硅半导体，试设计一个 2500Ω 的电阻。假设电流为 2mA，电流密度为 100A/cm²，$\mu_p = 100\,\text{cm}^2/(\text{V·s})$。试确定满足条件的电阻截面积、长度及掺杂浓度。

8.8　拓展实验

（1）设计一个离子注入电阻的成套工艺。
（2）设计一个多晶硅电阻的成套工艺。

实验 9 二极管成套工艺分析与应用

9.1 实验目的

通过本实验，进一步熟悉半导体工艺的原理和二极管的工作机理；使用多功能实验基础平台和实验用半导体参数分析仪，完成二极管制作的成套工艺。

9.2 实验原理

9.2.1 二极管的工作机理

PN 结是最基本的半导体器件结构之一。很多半导体器件由两个或多个 PN 结组合而成。PN 结理论是半导体器件物理的基础。

下面讨论 PN 突变结的情况。整个半导体材料是一块单晶半导体，其中一个区掺入受主杂质原子形成 P 区，而相邻的另一区则掺入施主杂质原子形成 N 区。图 9.1 给出了在热平衡状态下，PN 突变结内部的电荷分布、电场强度、电势和能带图。假设 P 区和 N 区的掺杂浓度均匀，分别为 N_A 和 N_D。最初在 PN 结附近存在着较大的电子和空穴的浓度梯度，因此 N 区的电子向 P 区扩散，P 区的空穴向 N 区扩散，最终在结附近的 N 区留下了带正电的施主离子，P 区内则留下了带负电的受主离子。PN 结内的这两个带电区域被称为空间电荷区，电场的方向由带正电的 N 区指向带负电的 P 区。在电场作用下，所有电子与空穴基本被扫出空间电荷区，因此空间电荷区也被称作耗尽区。

耗尽区的电场是由正、负空间电荷相互分离引起的。在一维情况下，由泊松方程确定的电场为

$$\frac{d^2\phi(x)}{dx^2} = \frac{-\rho(x)}{\epsilon_S} = -\frac{dE(x)}{dx} \tag{9.1}$$

其中，$\phi(x)$ 为电势，$E(x)$ 为电场强度，ϵ_S 为介电常数，$\rho(x)$ 为体电荷密度。假设空间电荷区的边界为 P 区的 $x=-x_p$ 和 N 区的 $x=x_n$ 处，由图 9.1（a）可知，体电荷密度 $\rho(x)$ 可表示为

$$\rho(x) = -qN_A \qquad -x_p \leq x \leq 0 \tag{9.2}$$

和

$$\rho(x) = qN_D \qquad 0 \leq x \leq x_n \tag{9.3}$$

其中，q 为单位电荷量，N_D 是施主浓度，N_A 是受主浓度。对式（9.1）进行积分，可以得到 P 区的电场强度为

$$E(x) = \frac{-qN_A}{\epsilon_S}(x+x_p) \qquad -x_p \leq x \leq 0 \tag{9.4}$$

N 区的电场强度为

$$E(x) = \frac{-qN_D}{\epsilon_S}(x_n-x) \qquad 0 \leq x \leq x_n \tag{9.5}$$

如图 9.1（b）所示，在均匀掺杂的 PN 结中，电场呈线性分布，最大电场强度出现在 PN 结处。

如图 9.1（c）所示，对电场强度进行积分，可以得到电势的表达式。

P 区的电势为

$$\phi(x) = \frac{qN_A}{2\epsilon_S}(x + x_p)^2 \qquad -x_p \leqslant x \leqslant 0 \tag{9.6}$$

N 区的电势为

$$\phi(x) = \frac{qN_D}{\epsilon_S}\left(x_n x - \frac{x^2}{2}\right) + \frac{qN_A}{2\epsilon_S}x_p^2 \qquad 0 \leqslant x \leqslant x_n \tag{9.7}$$

如图 9.1（d）所示，在热平衡状态下，当 N 区的导带电子进入 P 区导带，必须克服一个势垒，定义为 PN 结的自建电势 V_{bi}。由费米能级和载流子的关系式推导可得

$$V_{bi} = \frac{kT}{q}\ln\left(\frac{N_D N_A}{n_i^2}\right) \tag{9.8}$$

其中，k 为玻耳兹曼常数，T 为温度，n_i 为本征载流子浓度。因为 V_{bi} 为 $x=x_n$ 处的电势，也可以表示为

$$V_{bi} = \frac{q}{2\epsilon_S}(N_D x_n^2 + N_A x_p^2) \tag{9.9}$$

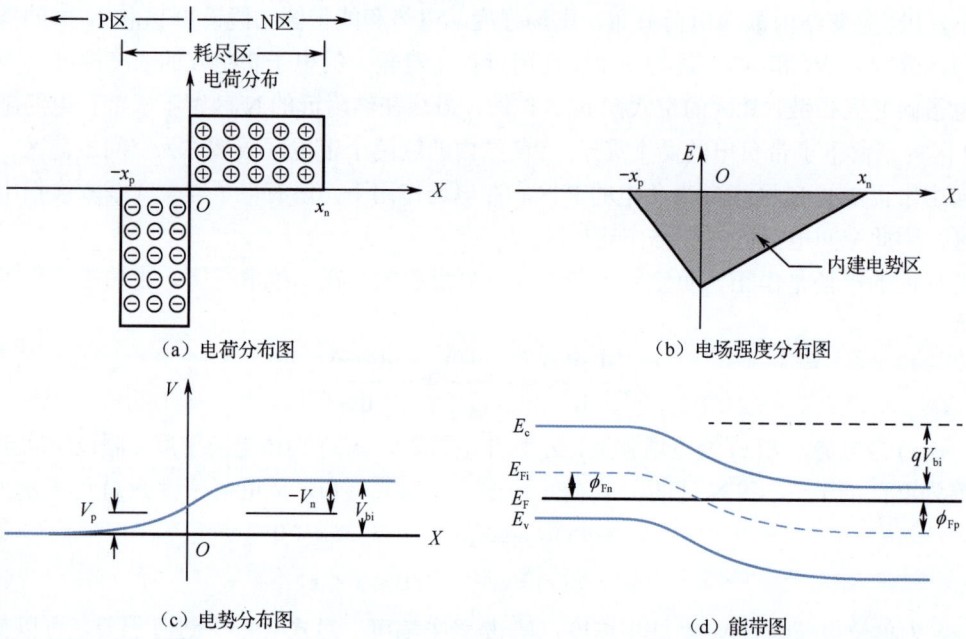

（a）电荷分布图

（b）电场强度分布图

（c）电势分布图

（d）能带图

图 9.1　热平衡状态下的 PN 突变结内部的电荷分布、电场强度、电势和能带图

由图 9.1（b）可知，x_p 可以表示为

$$x_p = \frac{N_D x_n}{N_A} \tag{9.10}$$

由式（9.9）和式（9.10）推导可得空间电荷区（耗尽区）的宽度为

$$W = x_p + x_n = \sqrt{\frac{2\epsilon_S V_{bi}}{q}\left(\frac{N_D + N_A}{N_D N_A}\right)} \tag{9.11}$$

在 PN 结两端施加一个电压 V_D，P 区相对 N 区正向偏置，如图 9.2 所示。此时，外加电压感应的电场与原来零偏空间电场的方向相反，P 区和 N 区的势垒降低。势垒降低意味着零偏时建立的热平衡状态被打破。在这种情况下，P 区的空穴经过耗尽区扩散进入 N 区。同样，N 区的电子经过耗尽区扩散进入 P 区，变成少子载流子——电子。由于存在少数载流子浓度梯度，因此 PN 结内感应出扩散电流。

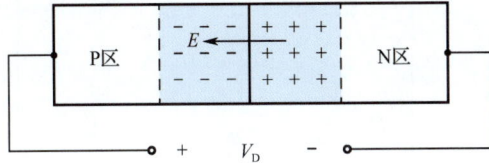

图 9.2　PN 结外加正电压偏置

理想二极管的电流与电压关系（$I_D\sim V_D$）通过分析扩散电流可得

$$I_D = I_S(e^{qV_D/kT} - 1) \tag{9.12}$$

其中，I_S 称为反向饱和电流，表达式为

$$I_S = A\left(\frac{qD_p n_i^2}{L_p N_D} + \frac{qD_n n_i^2}{L_n N_A}\right) \tag{9.13}$$

其中，D_p、D_n 分别是空穴和电子的扩散系数，L_p、L_n 分别是空穴和电子的扩散长度，A 是 PN 结面积。I_S 是掺杂浓度、扩散系数和 PN 结面积的函数。

9.2.2　欧姆接触

在半导体器件中，形成金属和半导体接触是电极工艺的关键步骤。金属-半导体接触可分为肖特基接触和欧姆接触两种类型。肖特基接触通常表现出非线性的电流-电压特性，而欧姆接触则呈现线性或准线性的电流-电压特性。其中欧姆接触是理想非整流接触，接触电阻低，理想情况下通过的电流是外加偏压的线性函数。半导体器件的大部分电极均为欧姆接触电极，包括 PN 二极管的阳极和阴极。

理想情况下，一个完美的金属-半导体接触应允许载流子在任意方向上自由流动，而在接触界面上不产生任何阻力。然而，实际情况中，接触界面总会形成一个势垒，即肖特基势垒。这种势垒的形成主要源于金属和半导体之间功函数的差异。以 N 型半导体的欧姆接触为例，当金属功函数 ϕ_m 大于半导体功函数 ϕ_s 时，电子通过界面需要跨过阻挡层，即肖特基势垒，如图 9.3 所示。图中，E_0 为真空能级，E_{Fs} 为半导体的费米能级，E_{Fm} 为金属的费米能级，χ_s 为半导体电子亲和势，E_c 为半导体导带，E_v 为半导体价带。在热平衡状态下，费米能级在系统内为常数，半导体内的电子流向金属，带正电的施主原子留在半导体内，在界面处形成耗尽区。此时金属-半导体接触为肖特基接触。肖特基势垒 ϕ_{Bn} 由下式给出：

$$\phi_{Bn} = \phi_m - \chi_s \tag{9.14}$$

当金属功函数 ϕ_m 小于半导体功函数 ϕ_s 时，金属与 N 型半导体之间形成理想的接触。为了实现热平衡，电子自发地从金属迁移至能量更低的半导体中，从而加剧了半导体表面的 N 型化特征，如图 9.4 所示。若对金属施加正向偏压，半导体中的电子能够轻松地向下流动至金属中，无须跨越任何势垒。对于中等至重度掺杂的半导体而言，当半导体受到正向偏压作用时，电子从金属流向半导体的有效势垒高度极微小，使得电子能够轻易地跨越势垒进入半导体。此时，金属-半导体接触变成了欧姆接触。

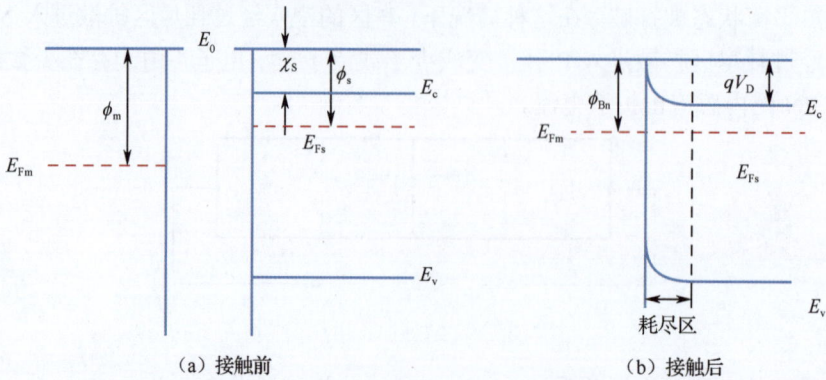

（a）接触前　　　　　　　　　（b）接触后

图 9.3　$\phi_m > \phi_s$ 时 N 型半导体金属-半导体接触能带结构图

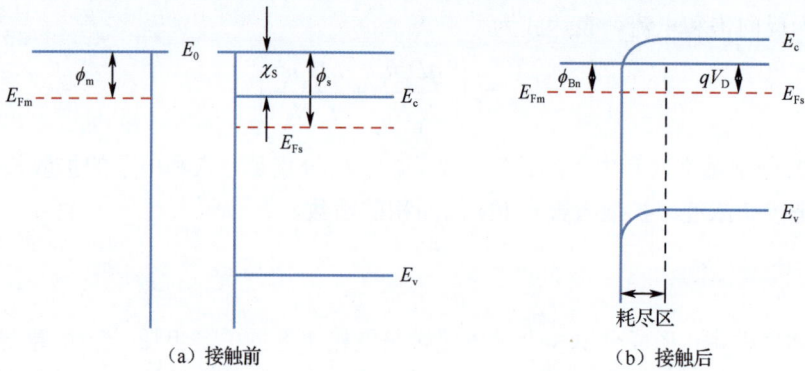

（a）接触前　　　　　　　　　（b）接触后

图 9.4　$\phi_m < \phi_s$ 时 N 型半导体金属-半导体接触能带结构图

类似地，当 ϕ_m 大于 ϕ_s 时，金属与 P 型半导体之间则形成了欧姆接触。为了维持热平衡，电子从半导体流向金属，在半导体中留下大量空穴。这些过剩的空穴在半导体表面聚集，增强了 P 型半导体的特性。因此，金属中的电子能够轻松地填充半导体中的空穴，这一电荷运动过程等同于空穴从半导体流向金属，构成了欧姆接触。

综上所述，为了形成有效的欧姆接触，半导体一般为中度或重掺杂区域。电极也需选择合适的金属材料，以确保对于 N 型半导体，$\phi_m < \phi_s$；对于 P 型半导体，$\phi_m > \phi_s$。

9.3　实验内容

二极管是最基本的集成电路器件。本实验将完成一个 PN 结二极管的完整制作工艺流程。

如图 9.5 所示，给出完整的 PN 结二极管制作工艺流程。

前道工序：制作 N 型沟道区；制作 P 型扩散区。

后道工序：制作 P、N 两个金属电极。

PN 结二极管工艺制作过程中需要注意的事项如下（见图 9.6）：

① 二极管有且仅有一个 N 型扩散区和一个 P 型扩散区；

② 二极管的等效深度要大于 0；

③ 二极管的 N 型掺杂区和 P 型掺杂区的净掺杂不能为 0。

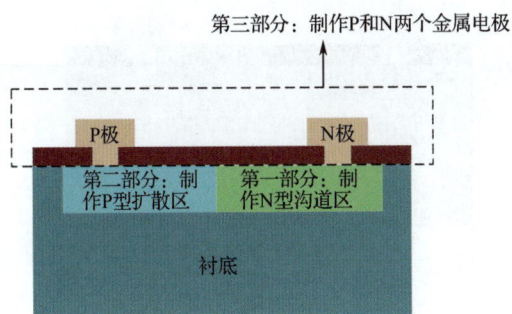

图 9.5   PN 结二极管的制作工艺流程

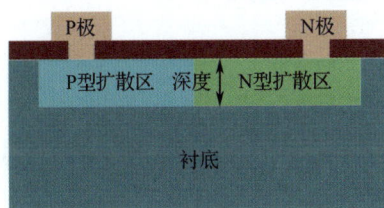

图 9.6   PN 结二极管的横截面示意图

9.4   主要仪器设备

此部分内容可参照实验 1 的 1.4 节。

9.5   操作方法与实验步骤

9.5.1   基础准备工作

此部分内容可参照实验 1 的 1.5.1 节。

9.5.2   实验过程及提示

根据已经学到的知识和 PN 结二极管成套工艺流程的提示，读者可自行设计并完成 PN 结二极管的成套工艺流程。

一些常用功能可参考实验 2 的 2.5.2 节。

1. 基础仿真设置和衬底设置

下面给出二极管的一种设计方法，供实验参考。如图 9.7 所示，二极管的整体衬底尺寸为 $1\mu m \times 1\mu m$，P 型扩散区在 $0.25 \sim 0.5\mu m$ 处，N 型扩散区在 $0.5 \sim 0.75\mu m$ 处。

衬底的网格划分原则如下。

X 轴：需要在各个交接点附近增加仿真点数从而提高仿真精度，在其他区域适当减小仿真点数从而获得更快的仿真速度。

Y 轴：需要在衬底表面（$y=0$）增加仿真点数从而提高仿真精度，在远离衬底表面的区域适当减小仿真点数从而获得更快的仿真速度。

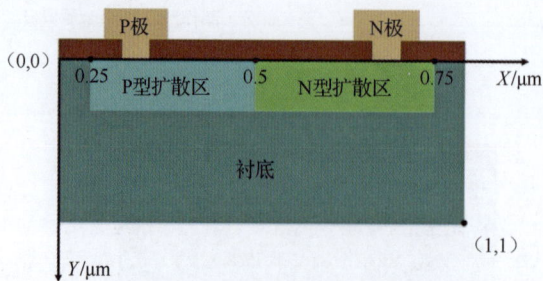

图 9.7 PN 结二极管的坐标设置

所以，网格设置如图 9.8 和图 9.9 所示。

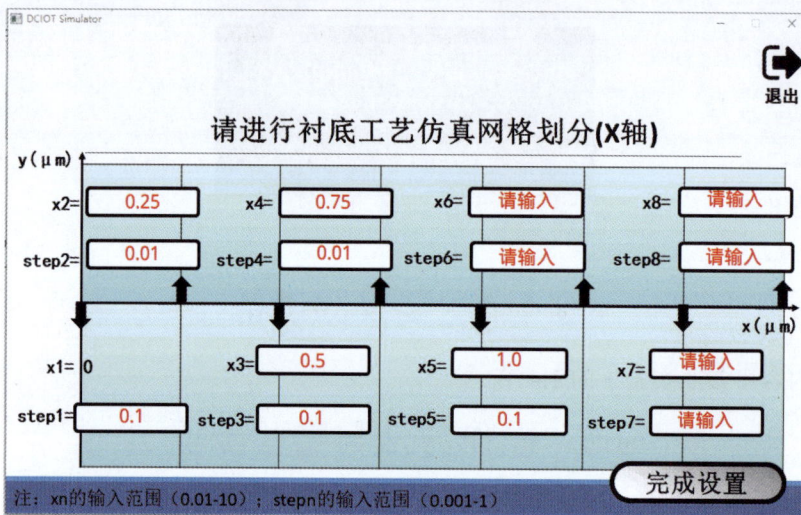

图 9.8 *X* 轴方向的网格设置

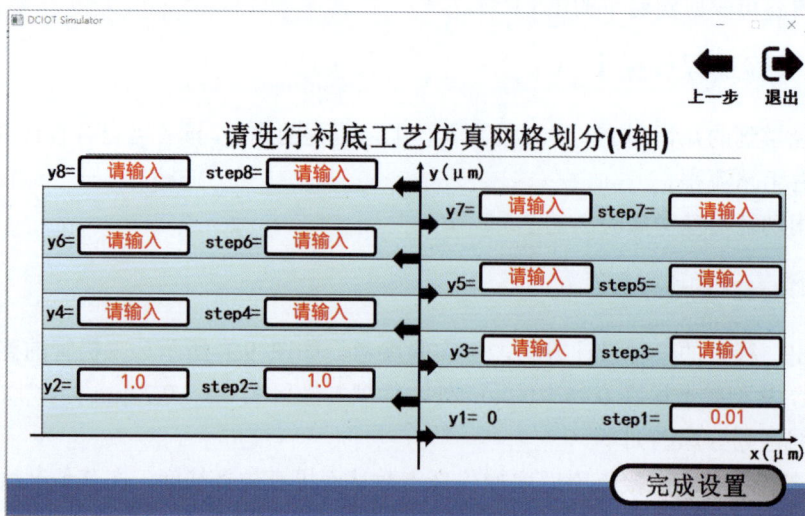

图 9.9 *Y* 轴方向的网格设置

在衬底设置上，采用高阻衬底，初始掺杂浓度为$1\times10^8\mathrm{cm}^{-3}$，其他设置均为常规设置，具体设置如下。

① 工艺网格稠密度：5 度。

② 衬底材料：硅。

③ 初始掺杂杂质：硼。

④ 初始掺杂浓度：$1\times10^8\mathrm{cm}^{-3}$。

⑤ 衬底晶向：<100>。

2. 关于实验思路的提示

制作 N 型扩散区和 P 型扩散区，可以参考实验 5 的 5.5.2 节。

制作 P 和 N 两个电极，可以参考实验 7 的 7.5.2 节。

3. 关于实验过程的提示

此处给出部分提示，供实验参考。

根据实验原理，需要在第一部分制作 N 型扩散区和 P 型扩散区，扩散区的制作与基本的局部掺杂工艺一致，可以参考实验 5 的 5.5.2 节。

4. 关于实验结果的提示

此处提供一种实验结果作为参考。

完成二极管前道工序（第一部分和第二部分）后的电势分布图如图 9.10 所示。可以看到，N 型扩散区和 P 型扩散区的位置均与设计的位置一致，满足 PN 结二极管的电学特性的要求。

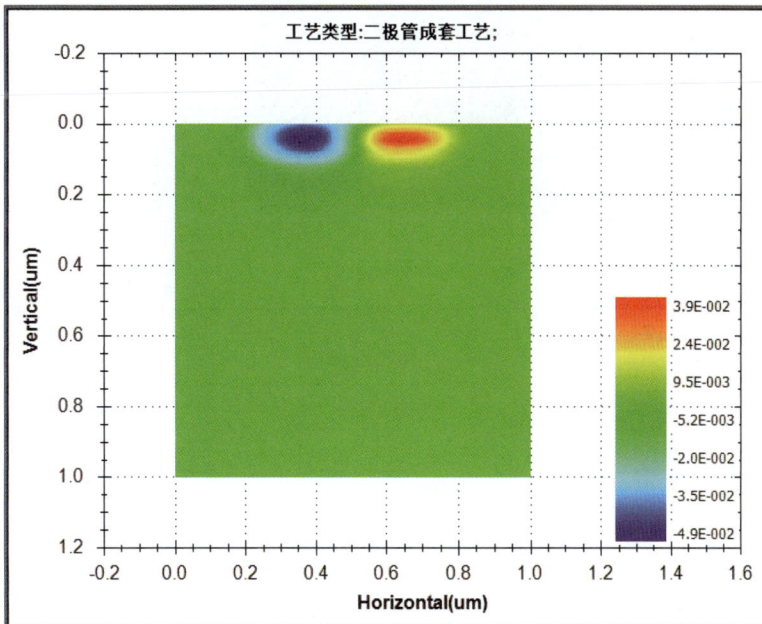

图 9.10　完成二极管前道工序后的电势分布图

完成二极管成套工艺流程后的结构和电势分布图如图 9.11 所示。

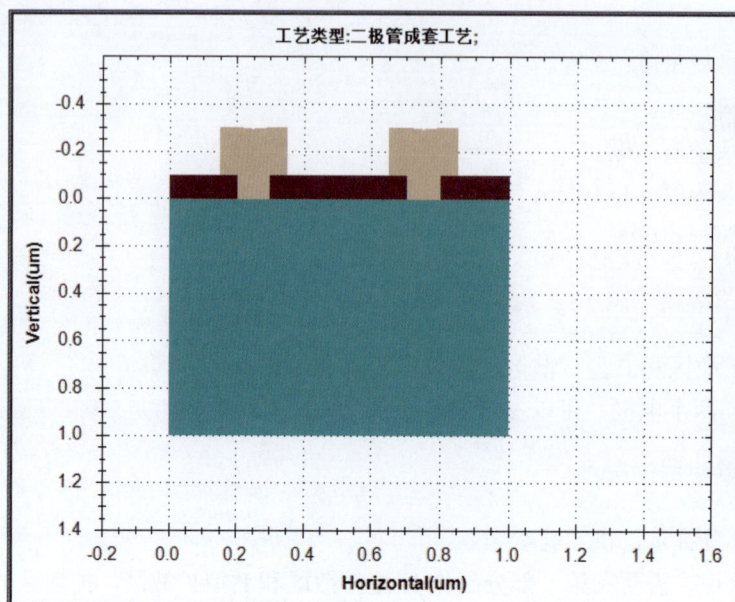

（a）结构

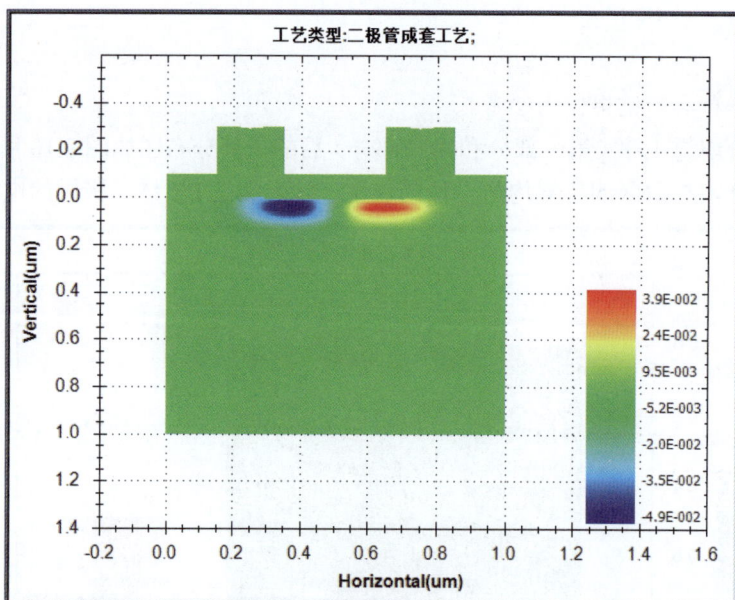

（b）电势分布图

图 9.11　完成二极管成套工艺流程后的结构和电势分布图

9.6　实验结果分析

（1）归纳总结二极管成套工艺的流程和工艺参数。

（2）根据实验结果估算二极管的反向击穿电压。

相关提示：二极管击穿电压的绝对值（无论是雪崩击穿还是齐纳击穿）与掺杂浓度成反

比，并且存在如下关系：

$$V_B = \frac{\epsilon_S E_{crit}^2}{2qN_0} \qquad (9.15)$$

其中，V_B 为击穿电压的绝对值，假设临界电场强度 E_{crit} 为 4×10^5V/cm。$N_0 = N_A N_D/(N_A + N_D)$，$N_A$ 和 N_D 分别是二极管 N 区和 P 区的掺杂浓度，对于单边突变结，N_0 就是轻掺杂一侧的掺杂浓度。

9.7　思考题

（1）计算空间电荷区的宽度。假设 $N_A = 1\times10^{15}$cm^{-3}，$N_D = 1\times10^{17}$cm^{-3}。

（2）温度每升高 10℃，在相同正向偏压下，二极管的电流如何变化？

9.8　拓展实验

设计一个击穿电压为 100V 的 PN 结二极管的成套工艺流程。

实验 10 JFET 和 MESFET 成套工艺分析与应用

10.1 实验目的

通过本实验，进一步熟悉半导体工艺的原理和结型场效应晶体管（JFET）、金属-半导体场效应晶体管（MESFET）的原理；使用多功能实验基础平台和实验用半导体参数分析仪，完成 JFET 和 MESFET 制作的成套工艺。

10.2 实验原理

10.2.1 JFET 工作原理

场效应晶体管是一种利用电场效应来控制电流的半导体器件。常见的场效应晶体管有结型场效应晶体管（JFET）、金属-半导体场效应晶体管（MESFET）和金属-氧化物-半导体效应晶体管（MOSFET）。JFET 的基本原理是通过栅极电压（栅压）来控制导电沟道的电导，从而控制 JFET 的开通/关断和调制沟道电流。N 沟道 JFET 的剖面示意图如图 10.1 所示，其中，栅极（Gate）用 G 表示，漏极（Drain）用 D 表示，源极（Source）用 S 表示。

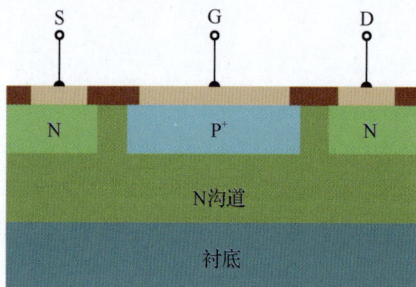

图 10.1 N 沟道 JFET 的剖面示意图

如图 10.2 所示，两个 P⁺区之间的 N 区就是沟道区。施加的栅压调制两个 P⁺N 结的空间电荷区，从而改变沟道区的导电路径和电导来控制器件特性。N 区的多子电子从源极通过沟道区流到漏极，所以 JFET 是多子器件。

如果把 P 区和 N 区互换，则形成 P 沟道 JFET。在 P 沟道 JFET 中，导电的载流子是空穴。

假设源极接地（$V_S=0$），漏极电压（漏压）V_D 很小可忽略，如图 10.2（a）所示，在 N 沟道 JFET 的栅极施加一个负压（$V_G<0$），则栅极与沟道间的 P⁺N 结反向偏置，空间电荷区变宽，导电沟道变窄，沟道电阻变大。若栅压进一步变大，则两边的空间电荷区会合，把导电沟道夹断（见图 10.2（b））。此时没有电流流过沟道，对应的栅压称为夹断电压 V_P。从图 10.2 可以看出，JFET 是常开型器件，只有施加的栅压 $V_G \leq V_P$ 时，JFET 器件才能关断。这也提高

了 JFET 器件的使用难度。

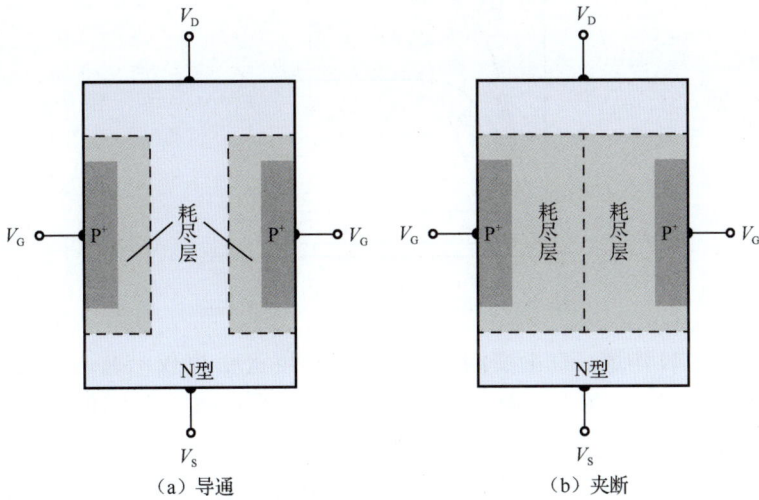

（a）导通　　　　　　　　　　　　　　（b）夹断

图 10.2　当 V_D=0、在栅极上加负压时 N 沟道 JFET 内部空间电荷区的分布

当栅压为零（V_G=0）时，改变漏压，也会发生沟道夹断现象。图 10.3（a）是零栅压、漏压较小时 JFET 内部空间电荷区的分布图。此时沟道靠近漏极区变为 P^+N 结反向偏置的情况，空间电荷区的宽度从源极到漏极逐渐增大，等效沟道电阻沿沟道长度方向也相应增大。因此，随着漏压的增大，沟道电阻不是常数，而是变得越来越大，电流随着电压上升的速率减慢。当漏压足够大时，两边的空间电荷区在靠近漏极处会合，出现沟道预夹断（见图 10.3（b））。之后，JFET 工作在饱和状态，空间电荷区的夹断点向源极扩展。电子从源极进入沟道区，再进入空间电荷区，被电场扫到漏极（见图 10.3（c）），此时电流的大小与漏压无关，类似于理想恒流源。

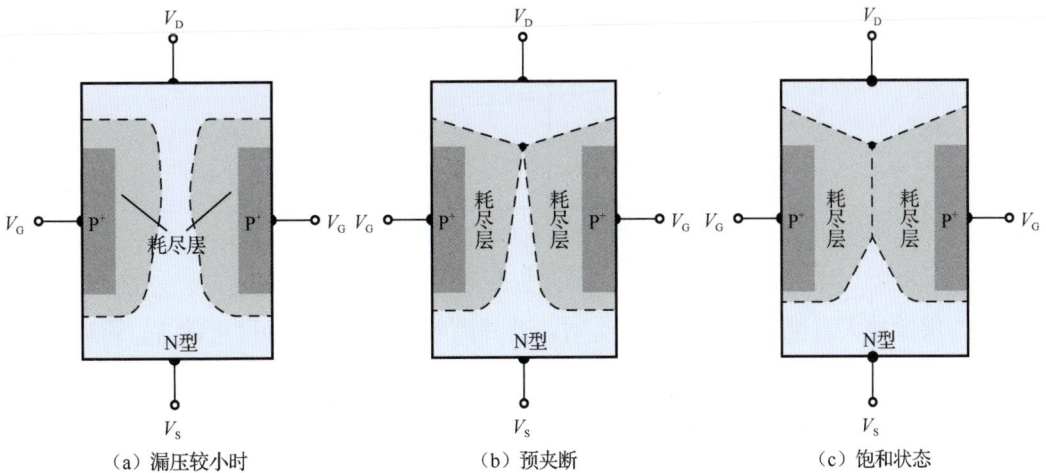

（a）漏压较小时　　　　　　　（b）预夹断　　　　　　　（c）饱和状态

图 10.3　当 V_G=0V、加漏压时 N 沟道 JFET 内部空间电荷区的分布

JFET 的 $i_D \sim V_D$ 输出特性曲线如图 10.4 所示，其中 V_G 取不同的值。JFET 的工作区域分为：线性区（漏压较小时）、饱和区（电流不随电压变化）和非线性区。

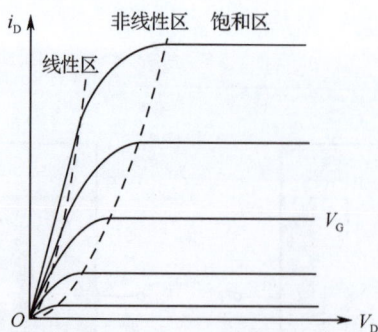

图 10.4　JFET 的 $i_D \sim V_D$ 输出特性曲线

对于均匀掺杂的 N 沟道，在渐变沟道近似下耗尽层宽度 W 仅沿通道（x 方向）逐渐变化（见图 10.5），并假设栅极电流可忽略，在载流子速度不饱和的条件下通过求解 y 方向的一维泊松方程等，可以得到电流的表达式。在线性区的电流为

$$I_{\mathrm{Dlin}} = \frac{Zq\mu_n N_D a}{L}\left(1 - \sqrt{\frac{V_{\mathrm{bi}} - V_G}{\psi_P}}\right)V_D \qquad (10.1)$$

其中，q 为单位电荷量，μ_n 为电子迁移率，N_D 为施主浓度，a 为沟道厚度，L 为沟道长度，Z 为沟道深度，如图 10.5 所示。自建电势 V_{bi} 和夹断电势 ψ_P 的定义为

$$V_{\mathrm{bi}} = \frac{kT}{q}\ln\left(\frac{N_D N_A}{n_i^2}\right) \qquad (10.2)$$

$$\psi_P = \frac{qN_D a^2}{2\epsilon_S} \qquad (10.3)$$

其中，ϵ_S 为介电常数。

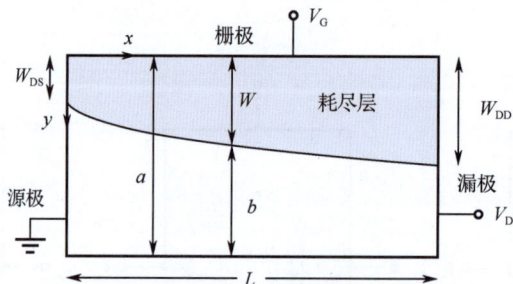

图 10.5　渐变沟道近似下 JFET 内部耗尽层的分布

当 V_D 继续增大直至达到 $V_D = V_G - V_{\mathrm{th}}$ 时，器件进入饱和区。饱和区电流 I_{Dsat} 可以推导为

$$I_{\mathrm{Dsat}} = \frac{Zq\mu_n N_D a}{L}\left[\frac{\psi_P}{3} - (V_{\mathrm{bi}} - V_G)\left(1 - \frac{2}{3}\sqrt{\frac{V_{\mathrm{bi}} - V_G}{\psi_P}}\right)\right] \qquad (10.4)$$

当 $V_D > V_{\mathrm{Dsat}}$ 时，夹断点开始向源极移动，夹断点的电压仍然维持为 V_{Dsat}，且漂移区域内的电场维持恒定，电流饱和。但实际情况下，由于有效通道长度减少，I_{Dsat} 还会增加，并不是常数。

10.2.2　MESFET 工作原理

不同于 JFET 的 PN 结栅极结构，MESFET 采用肖特基金属-半导体接触作为栅极。由于 GaAs 材料的高电子迁移率可以极大地提升器件的工作频率，因此 MESFET 一般用 GaAs 或其他化合物半导体材料来制备。半导体制造工艺不断改进，使得 MESFET 的尺寸不断缩小，集成度不断提高。同时，研究人员还对 MESFET 的结构进行了优化，如采用异质结等，进一步提高了其性能。

图 10.6 展示了一个 MESFET 的横截面。MESFET 制作在高阻抗的半绝缘 GaAs 衬底上，GaAs 薄外延层作为有源区。通常受主杂质是铬（Cr）。MESFET 的高电子迁移率使得 MESFET 的渡越时间短，响应速度快。此外，使用半绝缘 GaAs 衬底减少了寄生电容，并简化了制造工艺。

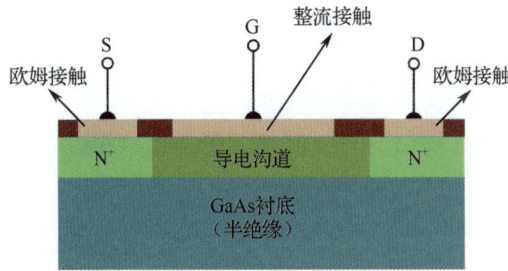

图 10.6　MESFET 横截面示意图

图 10.6 中，栅极加反向偏压情况下会在金属栅下产生空间电荷区，减小导电沟道的宽度，调制沟道电导。若施加足够大的负栅压，空间电荷区将扩展至衬底，导致沟道夹断。由于在零栅压情况下 MESFET 处于导通状态，需要施加栅压才能夹断，因此 MESFET 属于耗尽型器件。耗尽型 MESFET 的使用难度较大，不施加负栅压，无法将其关断。

不同于耗尽型 MESFET，增强型 MESFET 在零偏压条件下，空间电荷区伸展到整个沟道区，因此是不导电的。为了开启沟道，必须在栅极上加正向偏压，使得耗尽区面积减小。当栅极上施加的正向偏压较小时，耗尽区恰好贯穿沟道，此时的栅压就是阈值电压。阈值电压是沟道导通所需的最小电压。当栅压高于这个值时，则沟道开启。一般阈值电压设置为零点几伏。增强型 MESFET 的优点在于可设计栅、漏电压极性相同的电路。然而，这种器件的输出电压摆幅很小。

MESFET 的电流-电压特性曲线和 JFET 的非常相似，线性区电流与饱区和电流的表达式分别同式（10.1）和式（10.4），此处假设载流子速度没有饱和。其中夹断电势 ψ_p 同式（10.3），自建电势 V_{bi} 则为

$$V_{bi} = \phi_{Bn} - \frac{E_c - E_F}{q} \qquad (10.5)$$

其中，E_c 为导带能级，E_F 为费米能级，ϕ_{Bn} 为肖特基势垒，由金属功函数 ϕ_m 和半导体电子亲和势 χ_S 决定，即

$$\phi_{Bn} = \phi_m - \chi_S \qquad (10.6)$$

10.3 实验内容

JFET 和 MESFET 都是集成电路的常用器件，两者的器件结构和制作流程有很多共同之处。

JFET 和 MESFET 的器件工艺结构和原理十分相似，但控制方式不同。JFET 的栅控原理是通过构造 PN 结来实现的，而 MESFET 的栅控原理是通过构造半导体肖特基势垒来实现的。

10.3.1 JFET 制作工艺流程

如图 10.7 所示，给出完整的 JFET 制作工艺流程。

前道工序：

（1）制作 N 型沟道区。

（2）制作 P⁺ 型扩散区。

（3）制作 N⁺ 型扩散区。

后道工序：

（4）制作 D（漏极）、G（栅极）、S（源极）的金属电极。

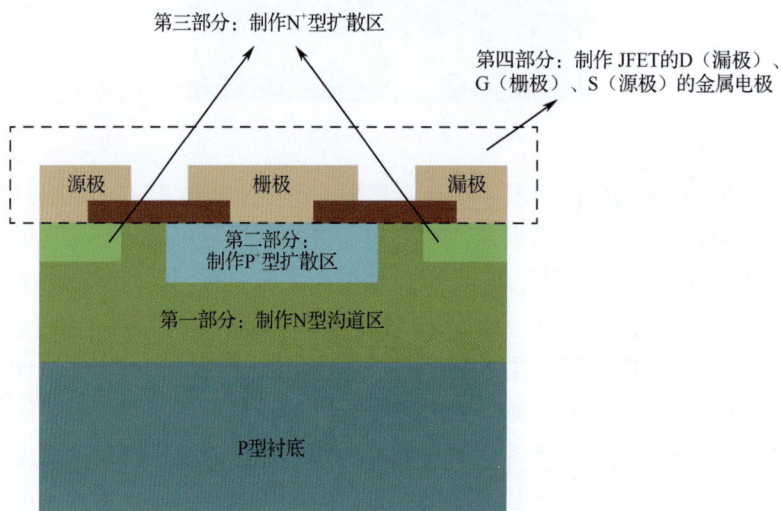

图 10.7　JFET 制作工艺流程示意图

本实验中的 JFET 是耗尽型 JFET，即在零偏压时已经存在沟道，阈值电压为负值。JFET 的栅极控制是通过构造 PN 结来实现的，所以 P⁺ 栅极和 N 型沟道区的掺杂浓度是 JFET 设计的关键参数。

JFET 工艺制作过程中需要注意的核心事项（见图 10.8）如下：

① JFET 栅极的位置在源极和漏极中间；

② JFET 栅极垂直下方到衬底需满足从 P 型到 N 型再到 P 型的连续变化；

③ JFET 源漏区需为高掺杂，以形成有效的欧姆接触；

④ JFET 的沟道厚度需大于 0；

⑤ JFET 的沟道长度需大于 0。

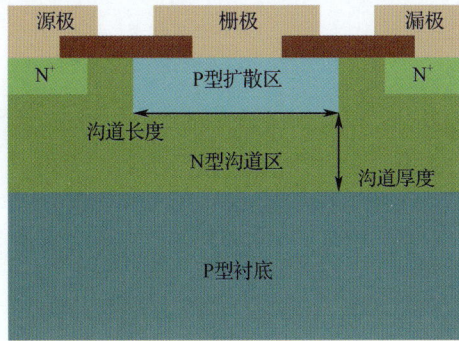

图 10.8　JFET 横截面示意图

10.3.2　MESFET 制作工艺流程

如图 10.9 所示，给出完整的 MESFET 制作工艺流程。

前道工序：

（1）制作沟道区。

（2）制作源漏扩散区。

后道工序：

（3）制作金属电极。

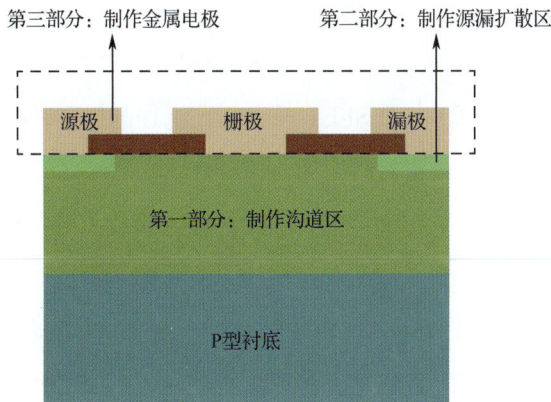

图 10.9　MESFET 制作工艺流程示意图

MESFET 的栅极控制是通过金属和低掺杂的半导体区形成肖特基接触而实现的。为了减小欧姆接触电阻，源极和漏极需进行高掺杂以形成金属硅化物。因此，栅极的电极制作工艺与漏极和源极的不同。

MESFET 工艺制作过程中需要注意的核心事项（见图 10.10）如下：

① MESFET 栅极的位置只能在源极和漏极中间；

② MESFET 源极、栅极、漏极所在衬底的掺杂极性需满足同为 N 型或同为 P 型；

③ MESFET 源极、栅极、漏极所在衬底表面的掺杂浓度需满足从大（欧姆接触）到小（肖特基接触）再到大（欧姆接触）的连续变化；

④ MESFET 的沟道厚度需大于 0；

⑤ MESFET 的沟道长度需大于 0。

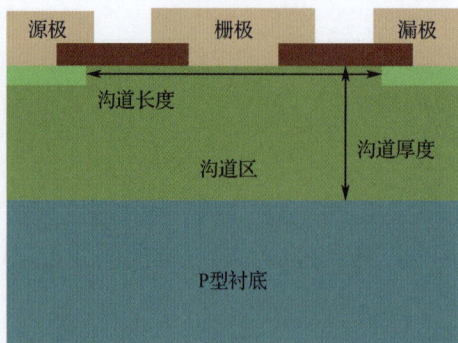

图 10.10 MESFET 横截面示意图

10.4 主要仪器设备

此部分内容可参照实验 1 的 1.4 节。

10.5 操作方法与实验步骤

10.5.1 基础准备工作

此部分内容可参照实验 1 的 1.5.1 节。

10.5.2 实验过程及提示

根据已经学到的知识与 JFET、MESFET 成套工艺流程的提示，读者可自行设计并完成两种器件的成套工艺流程。

一些常用功能可参考实验 2 的 2.5.2 节。

1. 基础仿真设置和衬底设置

首先给出 JFET 的一种设计方法，供实验参考。如图 10.11 所示，JFET 的整体衬底尺寸为 1μm×1μm，源极扩散区在 0～0.2μm 处，栅极扩散区在 0.3～0.7μm 处，漏极扩散区在 0.8～1μm 处。

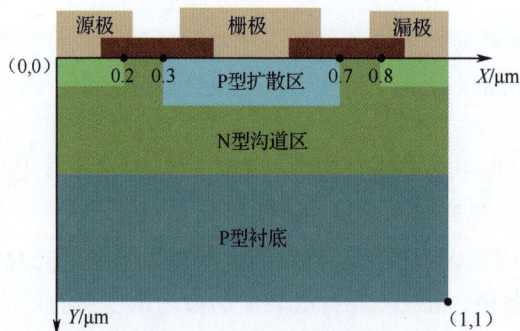

图 10.11 JFET 的器件结构坐标图

衬底的网格划分原则如下。

X 轴：需要在各个交接点附近增加仿真点数从而提高仿真精度，在其他区域适当降低仿真点数从而获得更快的仿真速度。

Y 轴：需要在衬底表面（$y=0$）增加仿真点数从而提高仿真精度，在远离衬底表面的区域适当降低仿真点数从而获得更快的仿真速度。

所以，网格设置如图 10.12 和图 10.13 所示。

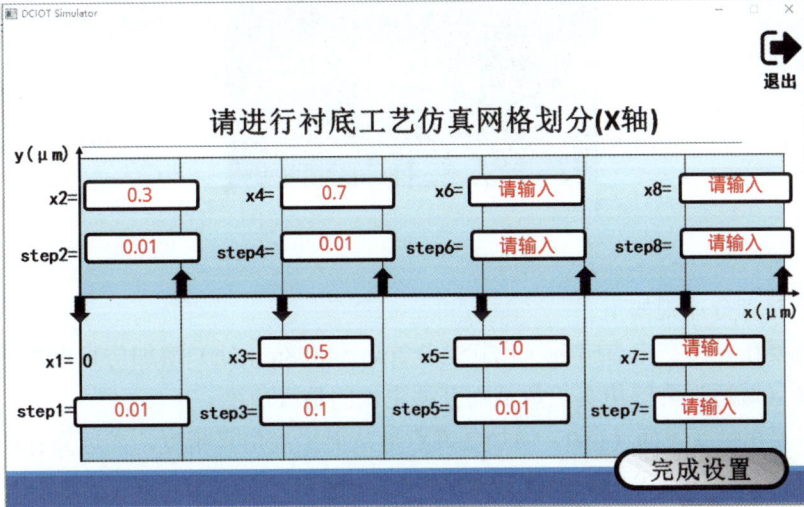

图 10.12　JFET X 轴方向的网格设置

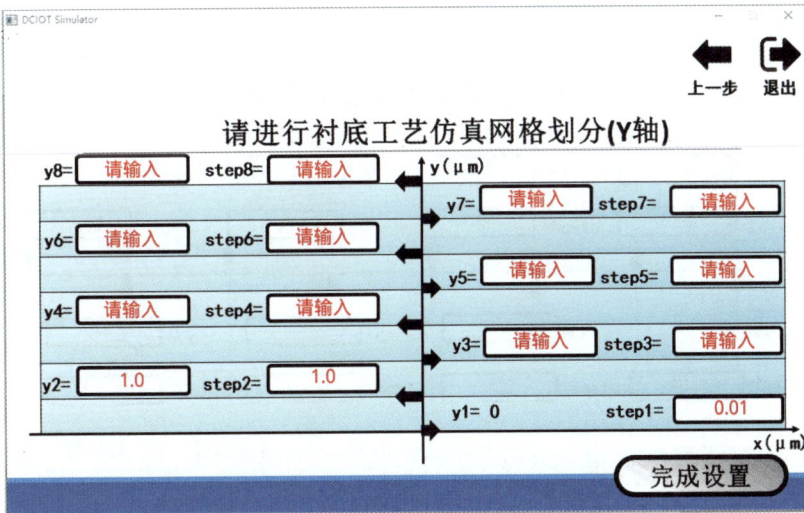

图 10.13　JFET Y 轴方向的网格设置

其他设置均为常规设置，具体设置如下。

① 工艺网格稠密度：5 度。

② 衬底材料：硅。

③ 初始掺杂杂质：硼。

④ 初始掺杂浓度：$1 \times 10^{13} \text{cm}^{-3}$。

⑤ 衬底晶向：<100>。

下面给出 MESFET 的一种设计方法，供实验参考。如图 10.14 所示，MESFET 的整体衬底尺寸为 1μm×1μm，源极扩散区在 0～0.2μm 处，漏极扩散区在 0.8～1μm 处。

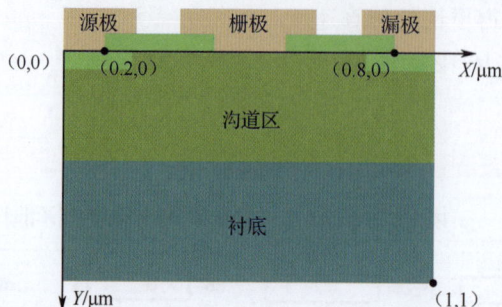

图 10.14　MESFET 的器件结构坐标图

衬底的网格划分原则如下。

X 轴：需要在各个交接点附近（也就是 0.2μm 和 0.8μm 处）增加仿真点数从而提高仿真精度，在其他区域适当降低仿真点数从而获得更快的仿真速度。

Y 轴：需要在衬底表面（$y=0$）增加仿真点数从而提高仿真精度，在远离衬底表面的区域适当降低仿真点数从而获得更快的仿真速度。

所以，网格设置如图 10.15 和图 10.16 所示。

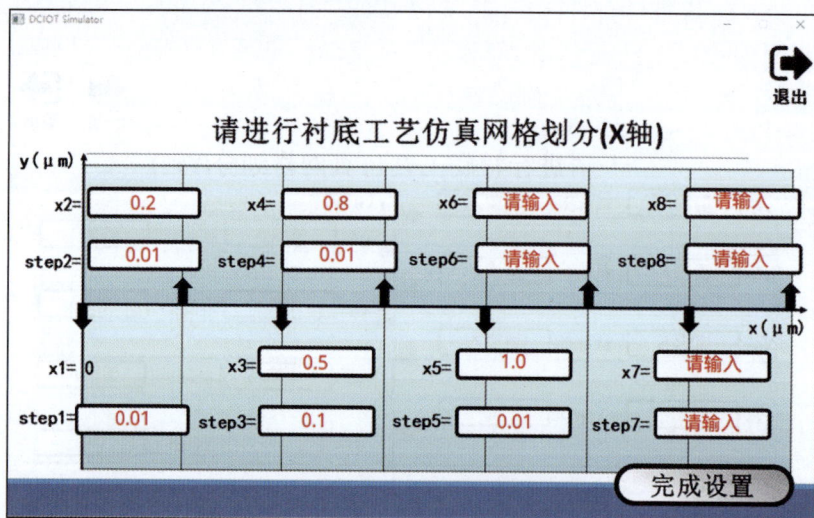

图 10.15　MESFET X 轴方向的网格设置

在本实验中，将 MESFET 做在砷化镓衬底上，掺杂离子为碳离子，其他设置均为常规设置，具体设置如下。

① 工艺网格稠密度：5 度。

② 衬底材料：砷化镓。

③ 初始掺杂杂质：碳。

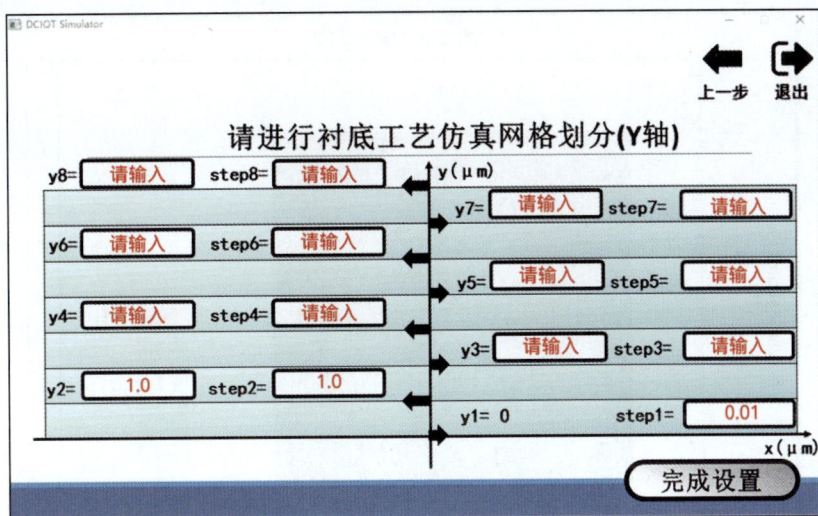

图 10.16　MESFET *Y* 轴方向的网格设置

④ 初始掺杂浓度：$1 \times 10^{13} \text{cm}^{-3}$。

⑤ 衬底晶向：<100>。

提示：由于使用了掺杂碳离子的砷化镓衬底，后续实验的掺杂一直使用碳离子即可。

2. 实验思路

器件结构的制作步骤可以参考之前的实验内容。

- 制作沟道区，可以参考实验 6 的 6.5.2 节；
- 制作扩散区，可以参考实验 5 的 5.5.2 节；
- 制作金属电极，可以参考实验 7 的 7.5.2 节。

3. 关于实验过程的提示

下面仅给出 JFET 第一步的提示，供实验参考。

根据实验原理，需要在第一步制作沟道区。沟道区的制作主要分为两个步骤：注入离子和退火。

首先，需要通过离子注入的方法注入 N 型磷离子，具体参数：注入剂量为 $1 \times 10^{13} \text{cm}^{-2}$，注入能量为 10keV，注入角度为 0°，注入结果如图 10.17 所示。

提示 1：如果首次尝试的离子注入参数达不到想要的效果，可以通过数据回溯功能恢复到离子注入前的结果，重新设置相关离子注入参数，循环往复进行调试，最终获得想要的掺杂效果。具体操作可参考实验 1 的 1.5.3 节。

提示 2：除了查看二维磷离子杂质分布图，还可以利用数据提取功能获取一维数据，以更加详细地分析相关结果。具体操作可参考实验 1 的 1.5.3 节。

提示 3：如果一次实验不能完成全部 JFET 制作工艺流程，可以单击"配置输出"按钮将实验结果保存，并在下次实验中，单击"工艺与联动配置"按钮将保存的实验结果导出，然后继续完成后续实验。具体操作可参考实验 1 的 1.5.3 节。

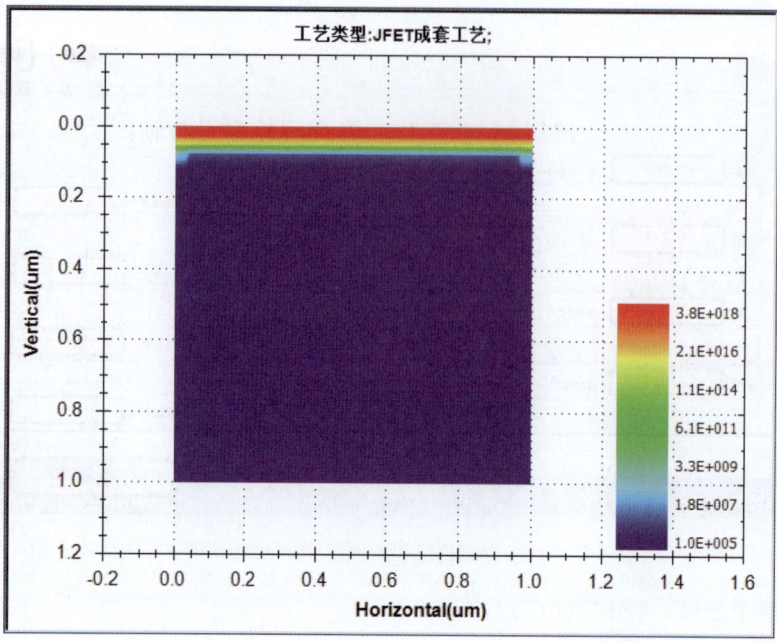

图 10.17　JFET 衬底磷离子注入后的杂质分布图

4. 实验结果

下面分别提供一种 JFET 和 MESFET 的制作结果作为参考。

（1）JFET 的制作结果

完成全部前道工序（第一部分至第三部分）后的电势分布图如图 10.18 所示。可以看到，源极、栅极和漏极的位置均与设计的位置一致，满足 JFET 电学特性的要求。

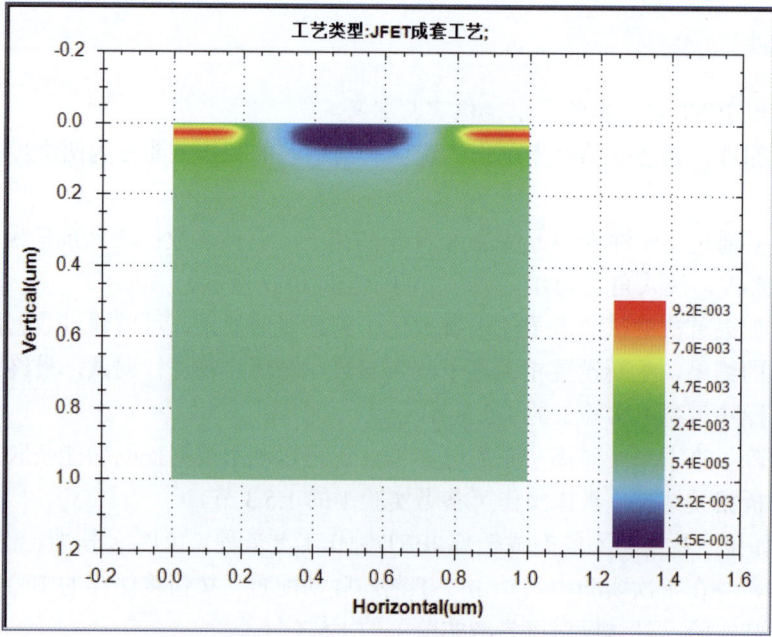

图 10.18　完成 JFET 全部前道工序后的电势分布图

完成 JFET 成套工艺流程后的结构和电势分布图如图 10.19 所示。

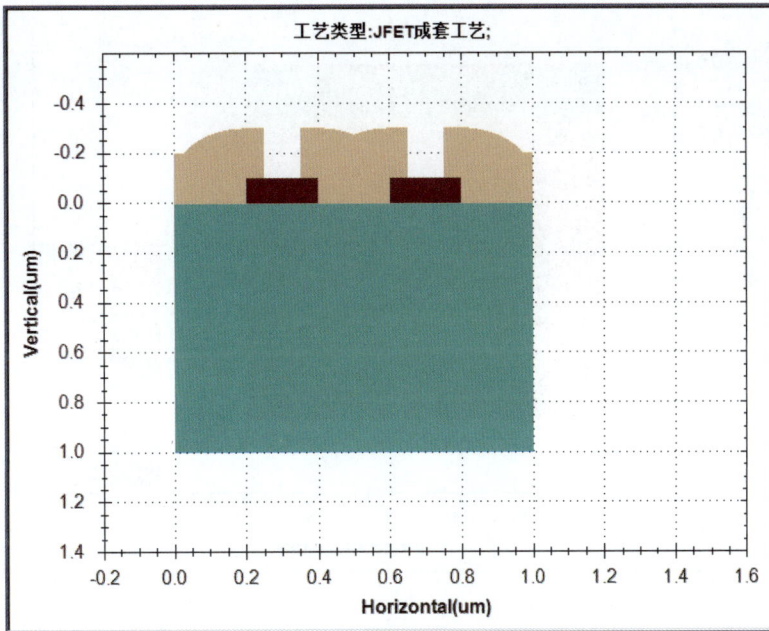

（a）结构

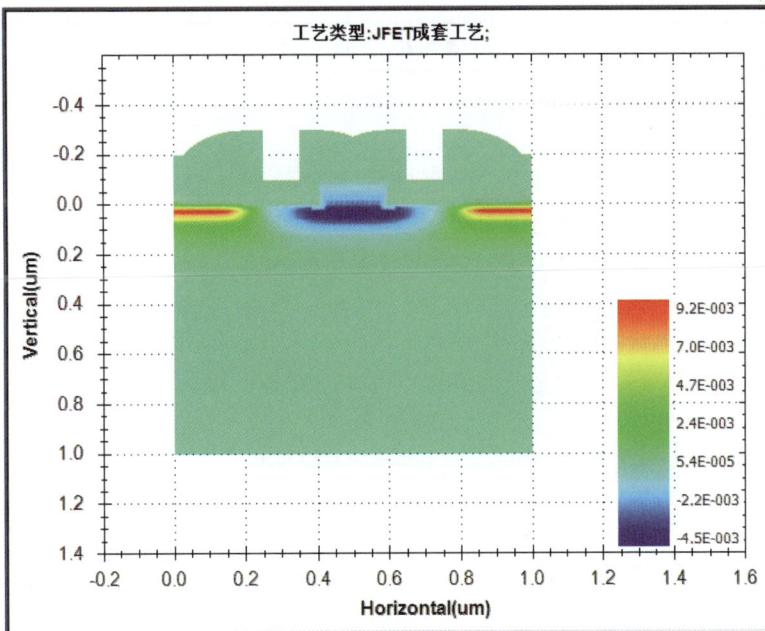

（b）电势分布图

图 10.19　完成 JFET 成套工艺后的结构和电势分布图

（2）MESFET 的制作结果

完成全部前道工序（第一部分和第二部分）后的电势分布图如图 10.20 所示。可以看到，源极和漏极的位置均与设计的位置一致，满足 MESFET 电学特性的要求。

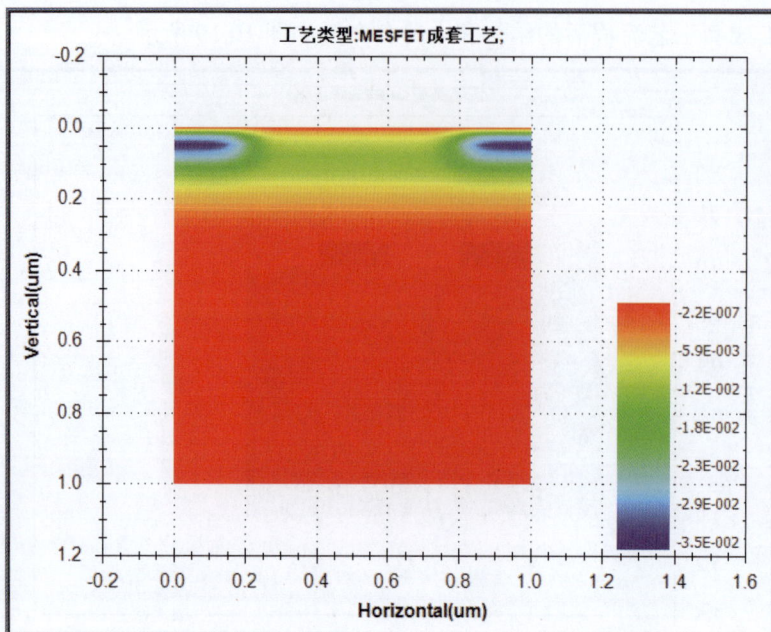

图 10.20　完成 MESFET 全部前道工序后的电势分布图

完成 MESFET 成套工艺流程后的结构和电势分布图如图 10.21 所示。

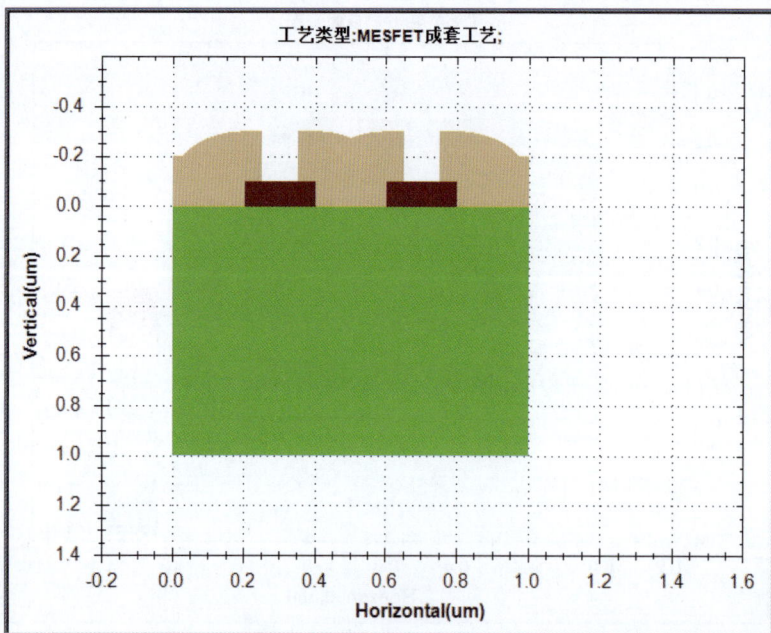

（a）结构

图 10.21　完成 MESFET 成套工艺后的结构和电势分布图

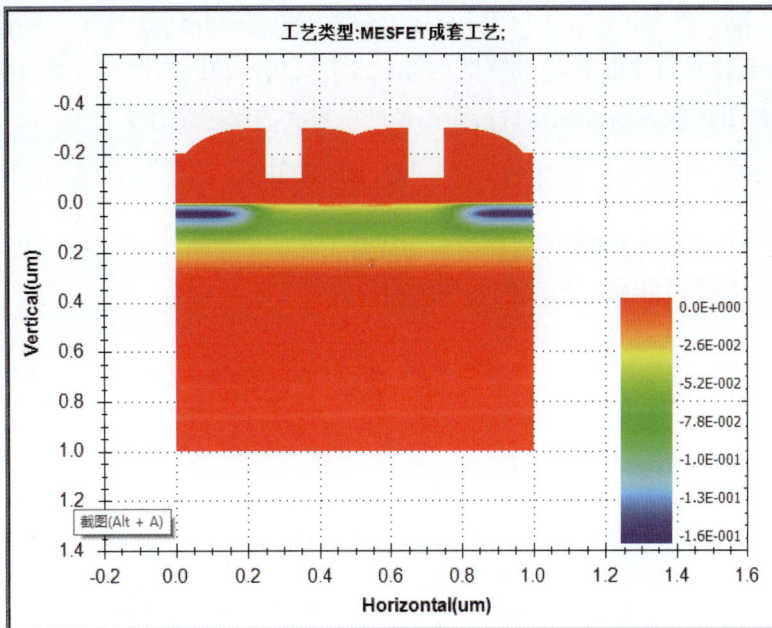

（b）电势分布图

图 10.21　完成 MESFET 成套工艺后的结构和电势分布图（续）

10.6　实验结果分析

（1）根据 JFET 实验结果估算 JFET 的跨导

相关提示：

JFET 的跨导的计算公式为

$$\beta = q\mu_n N_D d \frac{W}{L}$$

其中，q 为单位电荷量，μ_n 为电子迁移率，N_D 为沟道掺杂浓度，L、W、d 分别为沟道的长度、宽度和厚度。（注：为了简化起见，JFET 的沟道宽度 W 可以默认为 1μm。）

可以看到，跨导表征的是输出电流对输入电压的放大作用，所以与电导的计算方法基本类似。

（2）根据 MESFET 实验结果估算 MESFET 的跨导

相关提示：

MESFET 的跨导的计算公式与 JFET 一致，即

$$\beta = q\mu_n N_D d \frac{W}{L}$$

其中，q 为单位电荷量，μ_n 为电子迁移率，N_D 为沟道掺杂浓度，L、W、d 分别为沟道的长度、宽度和厚度。（注：为了简化起见，MESFET 的沟道宽度 W 可以默认为 1μm。）

10.7　思考题

（1）JFET 和 MESFET 漏极电流饱和机制的相似之处是什么？

（2）当 T=300K 时，硅基 P 沟道 JFET 的掺杂浓度 N_D=5×10^{18}cm^{-3}，N_A=3×10^{16}cm^{-3}，沟道区厚度为 0.5μm。计算自建电势 V_{bi} 和夹断电势 ψ_P，并写出线性区与饱和区漏极电流的表达式。

（3）MESFET 一般采用砷化镓材料而不是硅做衬底的原因是什么？

10.8 拓展实验

（1）设计一个增强型 JFET 的器件结构和成套工艺。

（2）设计一个增强型 MESFET 的器件结构和成套工艺。

实验 11   BJT 成套工艺分析与应用

11.1   实验目的

通过本实验，进一步熟悉集成电路制造原理和双极型晶体管（BJT）的工艺流程；使用多功能实验基础平台和实验用半导体参数分析仪，完成 NPN 型 BJT 和 PNP 型 BJT 制作的成套工艺。

11.2   实验原理——BJT 工作原理

BJT 是由两个背靠背的 PN 结组成的，如图 11.1 所示。BJT 有三个极：发射极（Emitter）、基极（Base）和集电极（Collector）。BJT 有两种类型：NPN 型和 PNP 型，它们的工作原理相似，只是电流方向相反。BJT 有三种偏置方式：共基极、共发射极、共集电极，如图 11.2 所示。

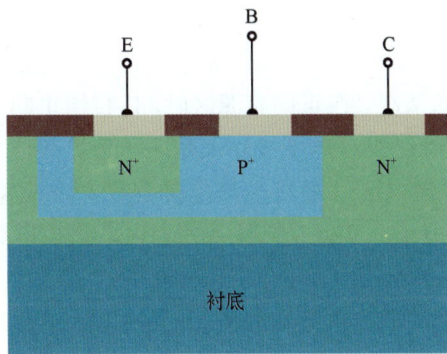

图 11.1   NPN 型 BJT 的剖面示意图

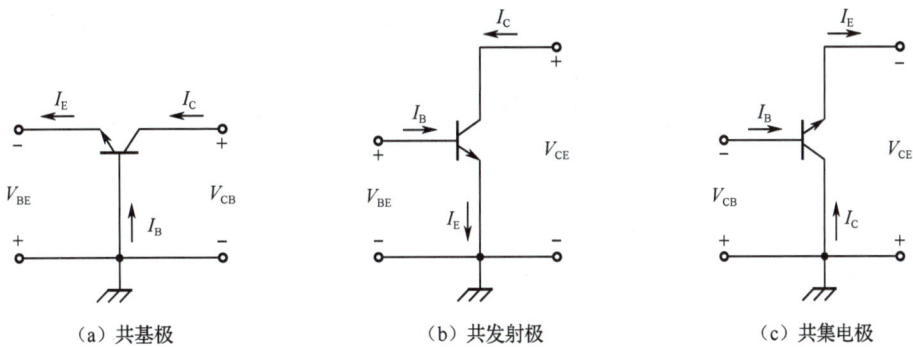

（a）共基极   （b）共发射极   （c）共集电极

图 11.2   NPN 型 BJT 的偏置方式

1. BJT 工作模式

BJT 有 4 种工作区：截止区、正向有源区（放大区）、饱和区与反向有源区。

以 NPN 型 BJT 为例，若 B-E 结电压为零或反向偏置，则发射区的多子电子不会注入基区。若 B-C 结也反向偏置，则此时的发射极电流和集电极电流均为零，BJT 截止，其所有电流均为零。当 B-E 结变为正向偏置后，BJT 将产生发射极电流，注入基区的电子产生集电极电流，此时 B-C 结仍为反向偏置，BJT 处于正向有源区。随着 B-E 结电压的增大，集电极电流增加，当 B-C 结变为正向偏置时，BJT 进入饱和状态。此时，集电极电流不再受 B-E 结电压的控制。

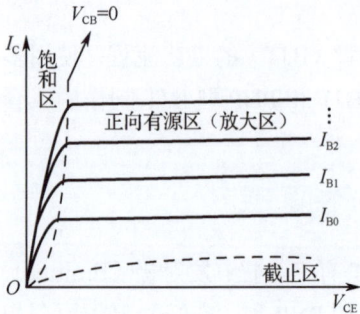

第四种工作区称为反向有源区。和正向有源区不同，这种情况下发射极和集电极互换，B-E 结反向偏置，而 B-C 结正向偏置。但 BJT 的发射区和集电区的尺寸与掺杂浓度并不相同，因此 BJT 反向有源特性和正向有源特性并不简单地对称互换。

图 11.3 所示为 NPN 型 BJT 正向偏置时的输出特性曲线。当 $I_C=0$ 时，BJT 处于截止区；当基极电流变化，而集电极电流不再变化时，则 BJT 处于饱和区；当 $I_E=\beta I_B$ 成立时，BJT 处于正向有源区。

图 11.3 NPN 型 BJT 正向偏置时的
输出特性曲线

2. 内部载流子分布

下面讨论 NPN 型 BJT 的情况。在正向有源区时，B-E 结正向偏置，B-C 结反向偏置。B-E 结电流由电子电流和空穴电流组成。电子被注入基区，边扩散边复合，扩散至集电结空间电荷区边界，被反偏电场抽至集电区，最终被集电极收集，形成输出电流。P 型基极对电子来说是一个障碍，并不收集电子。基区空穴注入发射区，边扩散边复合，B-C 结存在着反向电流。

当 PN 结正向偏置时，空间电荷区存在载流子的净扩散。P 区空穴经空间电荷区扩散进 N 区，而 N 区电子经空间电荷区扩散进 P 区。过剩载流子的扩散形成了扩散电流。不考虑表面复合、串联电阻和大电流注入等情况，BJT 的 B-E 结空间电荷区两侧边界处的少子浓度分布和理想 PN 结相同，发射区与集电区少子浓度及浓度梯度分布也分别与孤立 PN 结相同。基区内的少子浓度及浓度梯度分布则由发射结侧与集电结侧的边界条件决定。

如图 11.4（a）所示，将坐标原点移到空间电荷区边界，对基区、发射区和集电区定义 x、x'、x'' 取正值的坐标系，x_B、x_E、x_C 的定义如图所示。B、E、C 的偏置电压分别为 V_B、V_E 和 V_C。

若中性基区的电场为零，根据稳态双极输运方程，基区内少子浓度的分布满足

$$D_n \frac{d^2[n_B(x) - n_{B0}]}{dx^2} - \frac{n_B(x) - n_{B0}}{\tau_n} = 0 \qquad (11.1)$$

其中，$n_B(x)$ 为基区内电子的浓度，n_{B0} 为基区内热平衡时的少子电子浓度，D_n 为少子电子的扩散系数，τ_n 为少子电子的寿命。

求解式（11.1），基区少子电子浓度分布的表达式为

$$n_B(x) = n_{B0} + C_1 e^{\frac{x}{L_n}} + C_2 e^{\frac{-x}{L_n}} \qquad (0 \leqslant x \leqslant x_B) \qquad (11.2)$$

其中，L_n 为电子扩散长度，x_B 为基区宽度，系数 C_1 和 C_2 则由边界条件 $n_B(0)$ 和 $n_B(x_B)$ 决定。

$$C_1 = \frac{n_B(x_B) - n_{B0} - [n_B(0) - n_{B0}]e^{\frac{-x_B}{L_n}}}{2\sinh\left(\dfrac{x_B}{L_n}\right)} \tag{11.3}$$

$$C_2 = \frac{[n_B(0) - n_{B0}]e^{\frac{x_B}{L_n}} - [n_B(x_B) - n_{B0}]}{2\sinh\left(\dfrac{x_B}{L_n}\right)} \tag{11.4}$$

$$n_B(0) = n_{B0}e^{\frac{qV_{BE}}{kT}} \tag{11.5}$$

$$n_B(x_B) = n_{B0}e^{\frac{qV_{BC}}{kT}} \tag{11.6}$$

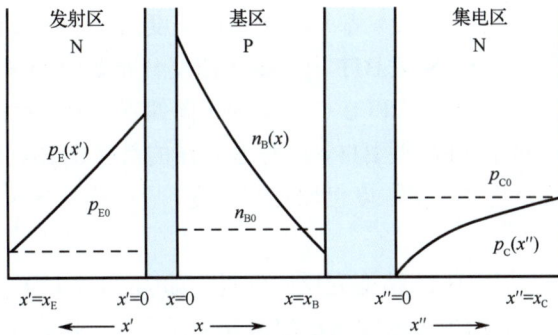

（a）正向有源区

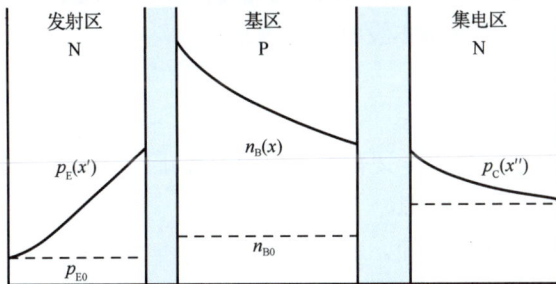

（b）饱和区

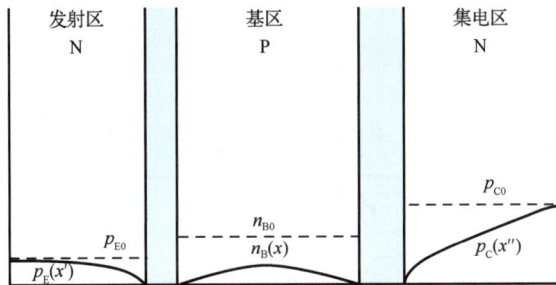

（c）截止区

图 11.4　NPN 型 BJT 内部少子浓度分布图

  BJT 工作的主要目标是使发射区注入的电子最大限度地到达集电区，所以基区内少子电子和多子空穴的复合应最小化。正因为如此，一般基区宽度都设计成小于少子扩散长度。当

满足 $x_B \ll L_n$ 且集电结反向偏置时，基区少子浓度的分布则可简化为

$$n_B(x) = n_{B0} e^{\frac{qV_{BE}}{kT}} \left(1 - \frac{x}{x_B}\right) \qquad (0 \leqslant x \leqslant x_B) \qquad (11.7)$$

同样，对发射区少子空穴的浓度分布求解，则得

$$p_E(x') = p_{E0} + \frac{p_{E0}}{x_E} \left(e^{\frac{qV_{BE}}{kT}} - 1 \right)(x_E - x') \qquad (0 \leqslant x' \leqslant x_E) \qquad (11.8)$$

集电区少子空穴的浓度分布为

$$p_C(x'') = p_{C0} + p_{C0} \left(e^{\frac{qV_{BC}}{kT}} - 1 \right) e^{-\frac{x''}{L_p}} \qquad (0 \leqslant x'' \leqslant x_C) \qquad (11.9)$$

其中，L_p 为空穴扩散长度。

式（11.7）、式（11.8）、式（11.9）都是基于基区宽度比少子扩散长度小得多的假设条件推导得出的。在正向有源区，NPN 型 BJT 内部少子浓度分布如图 11.4（a）所示。

当 BJT 工作在饱和区时，B-E 结和 B-C 结均为正向偏置，所以空间电荷区边界的少子浓度大于热平衡时的数值。对于 NPN 型 BJT，此时 B-E 结的势垒比 B-C 结的势垒小，净电子流由发射区到集电区。然而，基区少子浓度仍然存在梯度，它会产生集电极电流，如图 11.4（b）所示。

而在截止区时，B-E 结和 B-C 结均为反向偏置。如图 11.4（c）所示，对于反向偏置的 PN 结，每个空间电荷区边界的少子浓度在理想情况下都为零。假设发射区和集电区足够长，而基区宽度比少子扩散长度小，几乎所有的少子都被"扫"出基区。由于反向偏置时 B-E 结和 B-C 结的势垒高度增加，因此基本没有电荷流动。

3. BJT 的电流

BJT 内部的电流既有空穴电流，又有电子电流，在正向有源区的电流如图 11.5 所示。

I_{nE}：B-E 结注入的电子扩散电流。

I_{nC}：到达集电区的电子扩散电流。

$I_{rB}(=I_{nE}-I_{nC})$：在基区中复合的电子电流。

I_{pE}：B-C 结的空穴扩散电流。

I_{rE}：B-E 结的复合电流。

I_{CO}：B-C 结的反向电流。

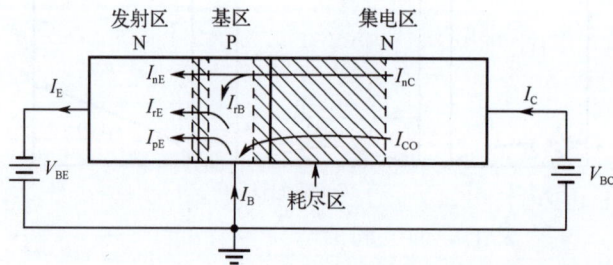

图 11.5　NPN 型 BJT 内部的电流

在只考虑扩散电流的情况下，可以根据少子的浓度分布推导出电流的表达式。由基区 $x=0$

处的少子分布边界条件，推导出 B-E 结注入的电子电流 I_{nE} 为

$$I_{nE} = \frac{AqD_n n_{B0}}{L_n} \coth\left(\frac{x_B}{L_n}\right) e^{\frac{qV_{BE}}{kT}} \tag{11.10}$$

其中，A 为器件面积。

同样，可以根据基区 $x=x_B$ 处的少子分布边界条件，推导出到达集电区的电子电流 I_{nC} 为

$$I_{nC} = \frac{AqD_n n_{B0}}{L_n} \operatorname{csch}\left(\frac{x_B}{L_n}\right)\left(e^{\frac{qV_{BE}}{kT}} - 1\right) \tag{11.11}$$

假设 $x_B \ll L_n$，偏置电压 V_{BE} 足够大，基区的少子浓度分布近似于线性分布，此时 $I_{nC} \approx I_{nE}$，I_{nE} 可以简化为

$$I_{nE} = \frac{AqD_n n_{B0}}{W} e^{\frac{qV_{BE}}{kT}} \tag{11.12}$$

类似地，假设 $x_E \gg L_p$，也可以推导得到发射区的空穴电流为

$$I_{pE} = \frac{AqD_p p_{E0}}{L_p} e^{\frac{qV_{BE}}{kT}} \tag{11.13}$$

假设 $x_C \gg L_p$，集电区的空穴电流则可以表示为

$$I_{pC} = \frac{AqD_p p_{C0}}{L_p} e^{\frac{qV_{BC}}{kT}} \tag{11.14}$$

此外，还需要考虑复合电流 I_{rE} 和 I_{rB}。B-E 结空间电荷区内的复合电流可以表示为

$$I_{rE} = \frac{Aqx_{BE} n_i}{2\tau_0} e^{\frac{qV_{BE}}{2kT}} = I_{r0} e^{\frac{qV_{BE}}{2kT}} \tag{11.15}$$

其中，x_{BE} 是 B-E 结空间电荷区的宽度。I_{rB} 是由基区过剩少子电子与多子空穴的复合引起的，是 I_{nC} 和 I_{nE} 的差值。

4. 电流增益

BJT 用 B-E 结电压来控制集电极电流。多子从发射区越过 B-E 结，最后到达集电区。共基极电流增益定义为集电极电流与发射极电流之比，即

$$\alpha_0 = \frac{I_C}{I_E} \tag{11.16}$$

假设 BJT 各区域的有效面积相同，则小信号共基极电流增益 α 可以表示为发射结注入效率 γ、基区输运因子 α_T 和复合系数 δ 的乘积，即

$$\alpha = \frac{\partial J_C}{\partial J_E} = \gamma \alpha_T \delta \tag{11.17}$$

$$\gamma = \frac{I_{nE}}{I_{nE} + I_{pE}} \tag{11.18}$$

$$\alpha_T = \frac{I_{nC}}{I_{nE}} \tag{11.19}$$

$$\delta = \frac{I_{nE} + I_{pE}}{I_{nE} + I_R + I_{pE}} \tag{11.20}$$

为了使发射结注入效率 γ 接近 1，发射区的掺杂浓度必须远大于基区的掺杂浓度。典型的设计要求发射区的掺杂浓度高于基区的掺杂浓度，而集电区的掺杂浓度最低。

基区输运因子 α_T 是两个电子电流 I_{nC} 和 I_{nE} 的比值。如果 $x_B \ll L_n$，则 $\alpha_T \approx 1$，$I_{nC} \approx I_{nE}$。如果 $x_B \gg L_n$，则 $\alpha_T = 0$，$I_{nC} = 0$。所以一般基区宽度应该小于扩散长度。

复合系数 δ 是 B-E 结电压的函数。随着 V_{BE} 的增加，复合电流所占的比例减小，复合系数接近 1。

共发射极电流增益的定义则为

$$\beta = \frac{I_C}{I_B} \tag{11.21}$$

由定义可以看出

$$\alpha = \frac{\beta}{1 + \beta} \tag{11.22}$$

11.3 实验内容

BJT 是集成电路常用的器件之一，本实验的内容是完成 BJT 的成套工艺流程和工艺参数的设计。

以一个 NPN 型 BJT 为例，如图 11.6 所示，给出完整的制作工艺流程。

前道工序：

（1）制作 N 型集电区；

（2）制作 P 型基区；

（3）制作 N^+ 型发射区；

（4）制作 N^+ 型集电区欧姆接触；

（5）制作 P^+ 型基区欧姆接触。

（注：N^+、P^+ 代表比 N 和 P 更重的掺杂。）

后道工序：

（6）制作 C（集电极）、B（基极）、E（发射极）的金属电极。

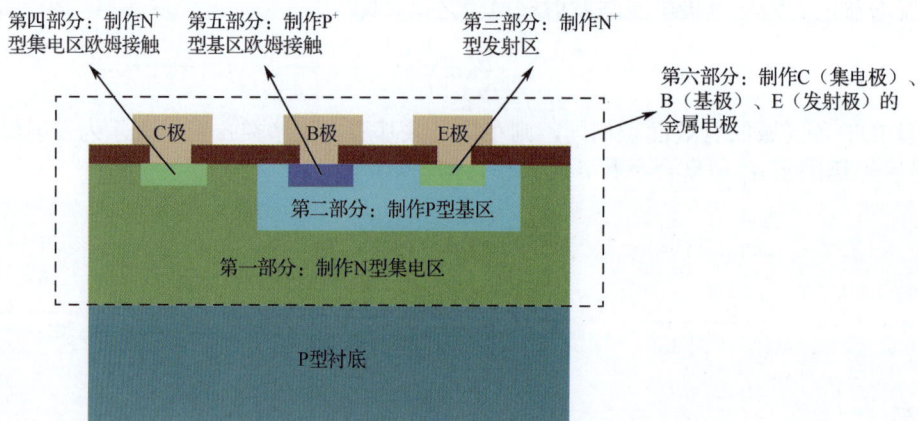

图 11.6 BJT 制作工艺流程示意图

BJT 工艺制作过程中需要注意的核心事项（见图 11.7）为：

① 基极所在的阱区位置在集电极和发射极中间；

② 集电区、基区、发射区掺杂杂质的极性需满足 NPN 或 PNP；

③ 集电区的深度需大于基区深度，基区深度需大于发射区深度，发射区深度需大于 0；

④ 集电极、基极、发射极所在衬底的表面掺杂浓度需满足从 N 到 P 到 N 或从 P 到 N 到 P 的连续变化。

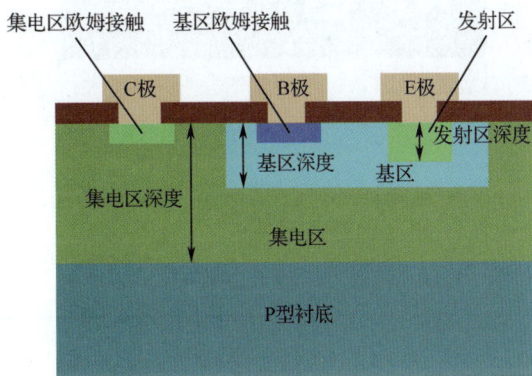

图 11.7　NPN 器件结构示意图

11.4　主要仪器设备

此部分内容可参照实验 1 的 1.4 节。

11.5　操作方法与实验步骤

11.5.1　基础准备工作

此部分内容可参照实验 1 的 1.5.1 节。

11.5.2　实验过程及提示

根据已经学到的知识和 BJT 成套工艺流程的提示，读者可自行设计并完成 BJT 的成套工艺流程。

一些常用功能可参考实验 2 的 2.5.2 节。

1. 基础仿真设置和衬底设置

下面给出一种设计方法，供实验参考。如图 11.8 所示，BJT 的整体衬底尺寸为 1μm× 1μm，集电极在 0.1～0.2μm 处，基区在 0.4～0.9μm 处，基极在 0.5～0.6μm 处，发射极在 0.7～0.8μm 处。

当设置网格时，可依据如下原则。

X 轴：需要在各个交接点附近增加仿真点数从而提高仿真精度，在其他区域适当降低仿真点数从而获得更快的仿真速度，但由于 BJT 的交接点较为平均，整体设置一种网格密度即可。

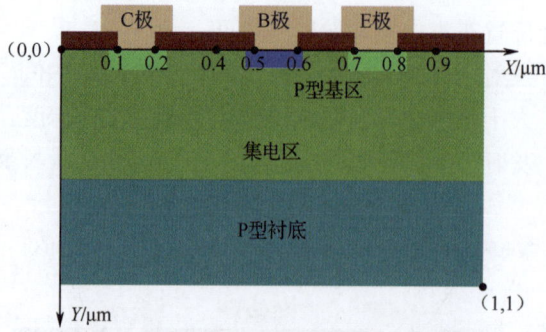

图 11.8　NPN 型 BJT 的参考结构尺寸图

Y 轴：需要在衬底表面（y=0）增加仿真点数从而提高仿真精度，在远离衬底表面的区域适当降低仿真点数从而获得更快的仿真速度。

网格设置如图 11.9 和图 11.10 所示。

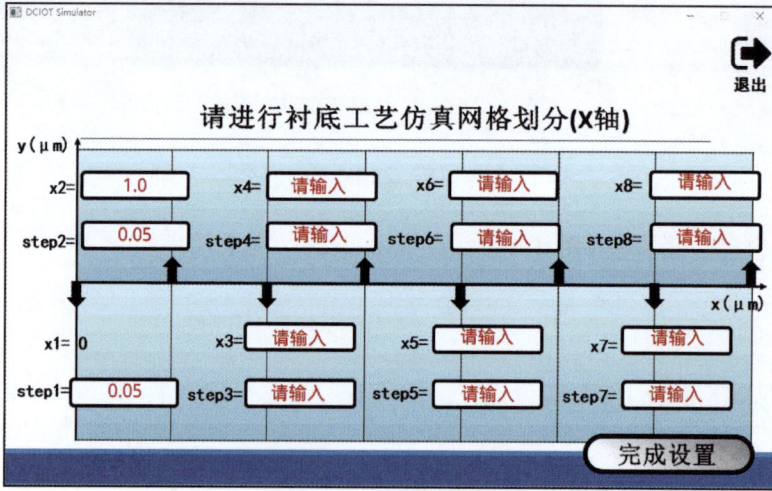

图 11.9　X 轴的网格设置

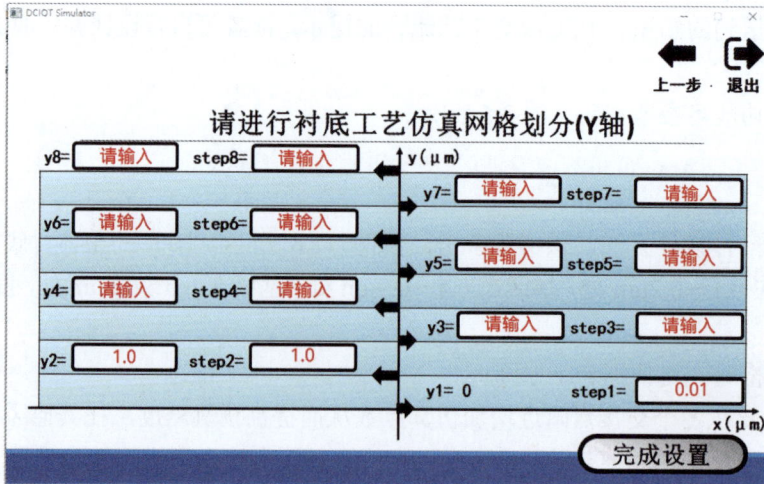

图 11.10　Y 轴的网格设置

其他的衬底设置均为常规设置，具体设置如下。

① 工艺网格稠密度：5 度。

② 衬底材料：硅。

③ 初始掺杂杂质：硼。

④ 初始掺杂浓度：$1 \times 10^{13} cm^{-3}$。

⑤ 衬底晶向：<100>。

2. 实验思路

BJT 结构的制作步骤可以参考之前的实验内容，依次制作 N 型集电区、P 型基区、N^+ 型发射区、N^+ 型集电区欧姆接触、P^+ 型基区欧姆接触和金属电极。

3. 关于实验过程的提示

此处给出 BJT 第一步的提示，供实验参考。

根据实验原理，需要在第一步制作 N 型集电区。N 型集电区的制作主要分为两个步骤：注入离子和退火。

首先，需要通过离子注入的方法注入 N 型离子，具体参数：注入 N 型离子磷，注入剂量为 $1 \times 10^{14} cm^{-2}$，注入能量为 50keV，注入角度为 0°，注入结果如图 11.11 所示。

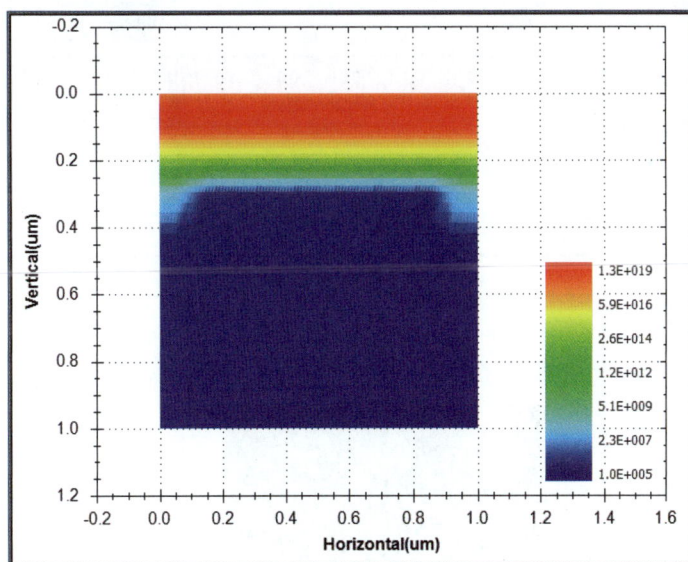

图 11.11　N 型集电区制作中离子注入之后磷离子的掺杂浓度分布图

提示 1：如果首次尝试的离子注入参数达不到想要的效果，可以通过数据回溯功能恢复到离子注入前的结果，重新设置相关离子注入参数，循环往复进行调试，最终获得想要的掺杂效果。具体操作可参考实验 1 的 1.5.3 节。

提示 2：除了查看磷离子掺杂浓度分布图，还可以利用数据提取功能获取一维数据，以更加详细地分析相关结果。具体操作可参考实验 1 的 1.5.3 节。

提示 3：如果一次实验不能完成全部 BJT 制作工艺流程，可以单击"配置输出"按钮将实验结果保存，并在下次实验中，单击“工艺与联动配置”按钮将保存的实验结果导出，然后继续完成后续实验。具体操作可参考实验 1 的 1.5.3 节。

4. 实验结果

下面提供一种实验结果作为参考。

完成全部前道工序（第一部分至第五部分）后的电势分布图如图 11.12 所示。可以看到，基极、集电极和发射极的位置均与设计的位置一致，满足 BJT 电学特性的要求。

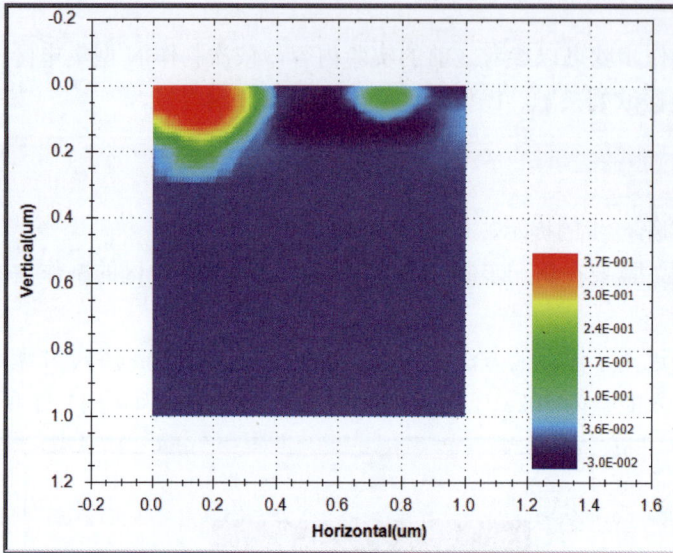

图 11.12　BJT 前道工序完成后的电势分布图

完成 BJT 成套工艺流程后的结构和电势分布图如图 11.13 所示。

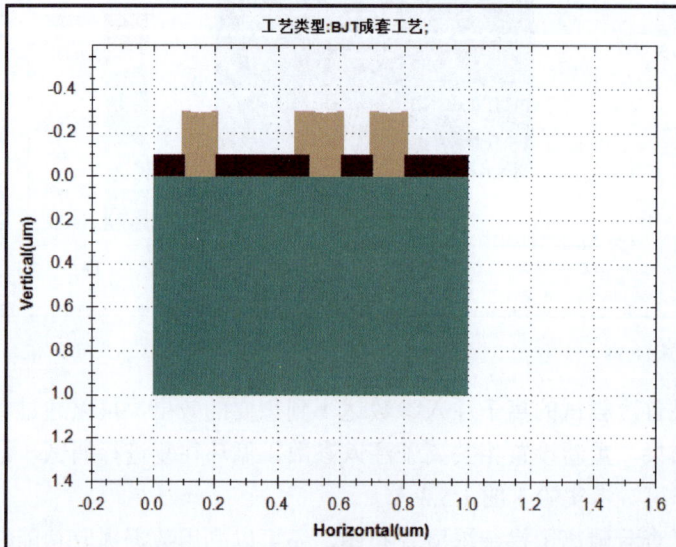

（a）结构

图 11.13　完成 BJT 成套工艺流程后的结构和电势分布图

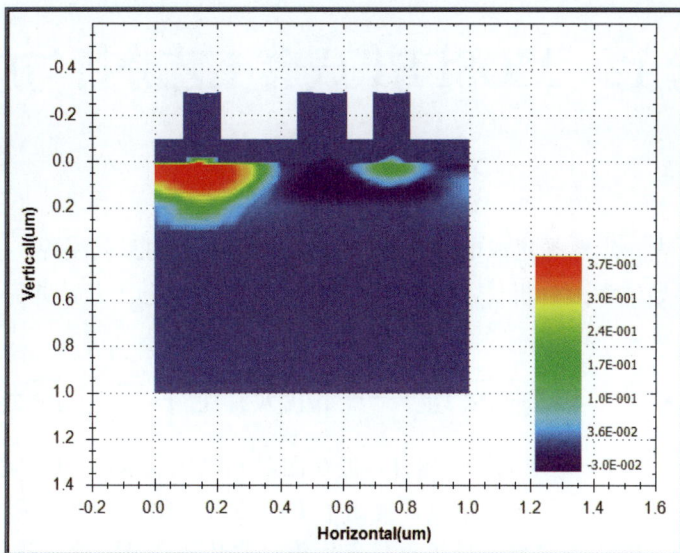

（b）电势分布图

图 11.13　完成 BJT 成套工艺流程后的结构和电势分布图（续）

11.6　实验结果分析

（1）根据 BJT 实验结果分析 BJT 的极性。提示：根据各区掺杂浓度的正负进行分析。

（2）根据 BJT 实验结果估算 BJT 的正向放大系数。提示：在进行大量近似后，正向放大系数约等于基区的方块电阻除以发射区的方块电阻。

（3）根据 BJT 实验结果估算 BJT 的基区电阻、发射区电阻和集电区电阻。提示：参考实验 9 中电阻估算方法估算各个区的电阻。采用一维数据提取、数据回溯等方法进行详细的理论分析和数据对比。

11.7　思考题

（1）为了增大 BJT 的电流增益，应该如何设计集电区、基区和发射区的掺杂浓度？这样设计的原因是什么？

（2）解释为什么基区的宽度一般设计为小于扩散长度。

11.8　拓展实验

设计一个 PNP 型 BJT 的制作工艺流程。

实验 12　MOSFET 成套工艺分析与应用

12.1　实验目的

通过本实验，进一步熟悉集成电路制造原理和 MOSFET 的工艺流程；使用多功能实验基础平台和实验用半导体参数分析仪，完成 MOSFET 制作的成套工艺，并完成 CMOS 反相器的成套工艺。

12.2　实验原理——MOSFET 工作原理

双极型晶体管（BJT）是电流控制器件，但在面对高电压需求时，BJT 的电流增益相对较低。这不仅限制了其性能，还对电路设计提出了更高要求。此外，由于基区和漂移区注入电荷的存储时间较长，BJT 在高频条件下不具备优势。尤其在涉及电感负载的应用场景下，硬开关操作往往伴随着破坏性故障的风险，这无疑增加了系统的不稳定性和维护成本。因此用电压控制器件更有吸引力。MOSFET 栅极的高输入阻抗简化了驱动电路的设计要求，其快速的开关速度大大拓展了器件的应用范围。由于器件尺寸小、集成度高，MOSFET 被广泛应用于集成电路中。MOSFET 是现代数字、模拟和存储器集成电路设计的核心器件。

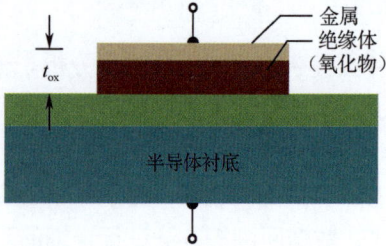

图 12.1　MOS 结构的示意图

MOS 结构是 MOSFET 的核心部分，通常是由金属-氧化硅-硅构成的，而更普遍的结构是金属-绝缘体-半导体（MIS）结构。其中，绝缘体不仅限于二氧化硅，半导体也不仅限于硅材料。下面将详细分析 MOS 结构，如图 12.1 所示。

1. 零偏压条件

如图 12.2 所示为栅极零偏压条件下具有 P 型半导体衬底的理想 MOS 结构的能带图。此处假设：①绝缘体的电阻为无穷大；②电荷只位于金属和半导体中；③金属和半导体的功函数相同，所以金属和半导体的费米能级 E_{Fm}、E_{Fs} 相同。

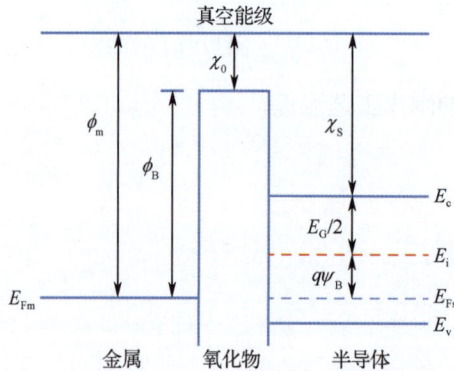

图 12.2　栅极零偏压条件下具有 P 型半导体衬底的理想 MOS 结构的能带图

由图 12.2，可以推导出

$$\phi_m = \chi_S + \frac{E_G}{2} + q\psi_B = \phi_B + \chi_0 \qquad (12.1)$$

其中，q 是单位电荷电量，ϕ_m 是金属的功函数，χ_S 是半导体的电子亲和势，E_G 是半导体的带宽，ψ_B 是半导体内本征能级和费米能级的势能差即体电势，ϕ_B 是金属和氧化层之间的势垒高度，χ_0 是氧化层的电子亲和势。

2. 积累条件

当对 MOS 结构中的栅极施加负偏压（$V_G<0$）时，金属中的负电荷吸引了半导体中带正电的空穴流向半导体和氧化物之间的界面，在半导体表面形成空穴的积累层。如图 12.3 所示，半导体表面空穴浓度的增加使得费米能级向价带移动，并引起了少量的能带弯曲。所有施加在栅极上的偏压都落在了氧化层，同时半导体中的电荷量随着偏压的增大而增加。

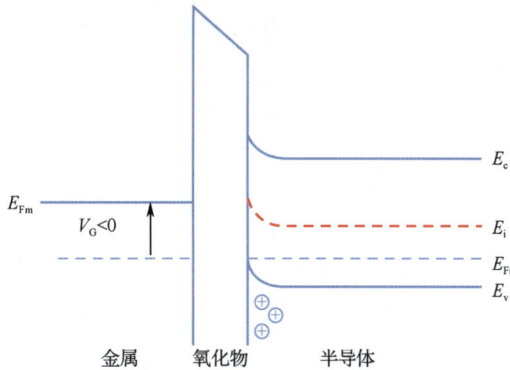

图 12.3　负偏压条件下具有 P 型半导体衬底的理想 MOS 结构的能带图

3. 耗尽条件

当在 MOS 结构的金属电极上施加正向偏压时，金属中产生的正电荷会排斥半导体中带正电荷的空穴，使其远离半导体与氧化层之间的界面。在较小的正向偏压条件下，界面处的半导体被耗尽。如图 12.4 所示，在靠近半导体和氧化物的界面处能带弯曲，费米能级远离价带。在这种情况下，金属电极上施加的偏压落在氧化物和半导体上。半导体中形成的耗尽区宽度取决于掺杂浓度和表面电势。

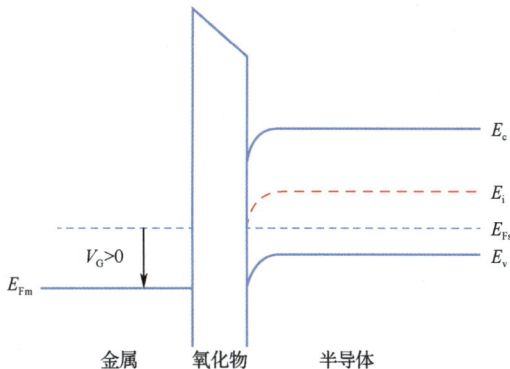

图 12.4　耗尽条件下具有 P 型半导体衬底的理想 MOS 结构的能带图

4. 反型条件

当施加于金属电极的正向偏压增加时，能带弯曲也会增加，直至在界面处的本征能级和费米能级重合（见图 12.5）。半导体的表面电势 ψ_S 定义为从半导体体区到表面本征能级的弯曲量，则此时 ψ_S 和半导体内的体电势 ψ_B 相等。继续增加正向偏压，费米能级高于本征能级，半导体表面产生了反型层，开始具有 N 型半导体的性质。在这个反型区内产生的自由电子可以用来在 MOS 结构中形成导电通道。当费米能级和本征能级的差值较小，半导体中电子的浓度较小时为弱反型。当施加在金属电极上的正向偏压足够大，使氧化物和半导体界面处的电子密度超过半导体体区的空穴浓度时，则为强反型。

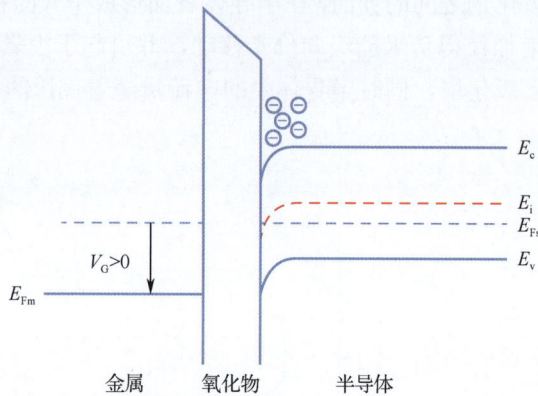

图 12.5　反型条件下具有 P 型半导体衬底的理想 MOS 结构的能带图

5. 最大耗尽层宽度

如前所述，在对具有 P 型半导体衬底的 MOS 结构的栅极施加正向偏压，在半导体中形成耗尽层。耗尽层宽度随着施加在金属电极上的正向偏压的增加而增加，直到出现强反型。此时表面处的电子浓度等于半导体体区的空穴浓度，所加的栅压称为阈值电压。一旦达到强反型条件，进一步增加金属电极上的正向偏压都会引起反型层内电荷的增加。表面电势微小的增加会使电子浓度成数量级地增加，而耗尽层（空间电荷区）的宽度几乎不变。因此，耗尽层宽度有一个由强反型出现所定义的最大值。当出现强反型时，半导体的表面电势 ψ_S 是体电势 ψ_B 的 2 倍。最大耗尽层宽度可以表示为

$$W_\mathrm{M} = \sqrt{\frac{2\epsilon_\mathrm{S}}{qN_\mathrm{A}}(2\psi_\mathrm{B})} \qquad (12.2)$$

其中，ϵ_S 为半导体的介电常数。

如果是 P 型半导体衬底，则 W_M 可以表示为

$$W_\mathrm{M} = \sqrt{\frac{4\epsilon_\mathrm{S}kT}{q^2 N_\mathrm{A}}\ln\left(\frac{N_\mathrm{A}}{n_\mathrm{i}}\right)} \qquad (12.3)$$

其中，k 为玻耳兹曼常数，N_A 为在完全电离情况下沟道的空穴浓度即掺杂浓度，n_i 是本征载流子浓度。

6. 阈值电压

对 P 型半导体衬底的 MOS 结构的金属电极施加正向偏压时，首先会产生一个耗尽层。只有当正向偏压足够大，能带弯曲使得表面电势 ψ_S 等于体电势 ψ_B 时，才会形成反型层。即使在这样的偏压下，MOS 结构仍然在弱反型区工作，反型层中的载流子浓度相对较低。只有当 MOS 结构进入强反型区，反型层中的载流子密度变得足够高，才有显著的电流通过 MOSFET 的沟道。

阈值电压 V_{th} 定义为 MOSFET 进入强反型区时在栅极所施加的偏压，由下式给出：

$$V_{th} = \frac{\sqrt{4\epsilon_S kTN_A \ln(N_A/n_i)}}{C_{ox}} + \frac{2kT}{q}\ln\left(\frac{N_A}{n_i}\right) \tag{12.4}$$

其中，C_{ox} 是氧化层的比电容。

7. 金属半导体功函数差

前面的分析都基于理想的 MOS 结构，假设金属和半导体的费米能级 E_{Fm}、E_{Fs} 相同，且氧化层没有电荷。但实际情况中，金属和半导体的功函数存在差 Φ_{ms}。为了达到平衡状态，会有电荷的移动。在零偏压条件下，氧化物-半导体界面处会出现能带弯曲，不再是图 12.2 所表示的平带状态。考虑到功函数差 Φ_{ms} 的影响，阈值电压的表达式修正为

$$V_{th} = \frac{\sqrt{4\epsilon_S kTN_A \ln(N_A/n_i)}}{C_{ox}} + \frac{2kT}{q}\ln\left(\frac{N_A}{n_i}\right) + \frac{\Phi_{ms}}{q} \tag{12.5}$$

重掺杂的多晶硅能够承受离子注入后退火的高温，因此经常被用作 MOS 结构的栅极材料。在简并掺杂的多晶硅中，可以假设 N$^+$ 型掺杂多晶硅的 $E_F = E_c$，而 P$^+$ 型掺杂多晶硅的 $E_F = E_v$。

8. 氧化层电荷

阈值电压也会受到氧化层中的电荷和位于二氧化硅界面处势阱的影响。这些势阱和电荷基本可以分为界面势阱电荷、氧化层固定电荷、氧化层势阱电荷和可动离子电荷，如图 12.6 所示。

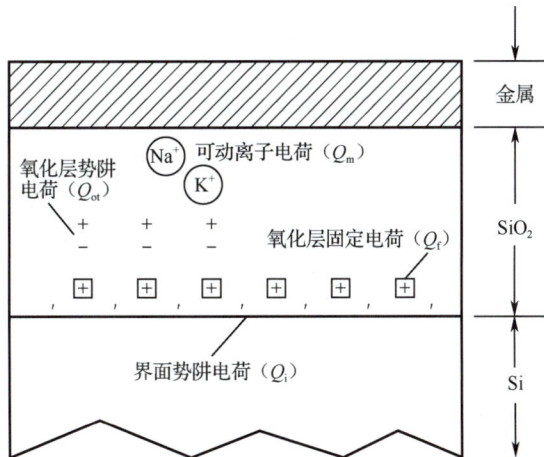

图 12.6　MOS 结构的界面陷阱与氧化层电荷

界面势阱电荷 Q_i 是由于 SiO_2-Si 界面的特性产生的，与界面的化学组分密切相关。这些势阱位于 SiO_2 与 Si 的界面处，其能级位置处于半导体的禁带内。此外，界面势阱电荷密度与晶体的晶面存在关联。<100>晶面的 Q_i 密度比<111>晶面的要小好几个数量级。氧化层固定电荷 Q_f 位于距离 SiO_2-Si 界面约 3nm 处。这种电荷很稳定，很难充电或放电。氧化层势阱电荷 Q_{ot} 与 SiO_2 的缺陷相关。比如，这些电荷可以通过 X 光辐射或高能电子撞击产生，势阱分布在氧化层内部。大部分与工艺过程相关的 Q_{ot} 可以通过低温退火处理来消除。可动离子电荷 Q_m 在较高温度（如>100℃）和高电场情况下可以在氧化层中移动。Q_m 是由于钠或其他碱性离子玷污而导致的，在高偏压和高温情况下在氧化层中前后移动，会影响阈值电压。

9. MOSFET 的特性

MOSFET 是一个四端口器件。图 12.7 所示为 N 沟道 MOSFET 的结构示意图。基本参数有沟道长度 L、沟道宽度 Z、氧化层厚度 d、结深度 r_j 以及衬底掺杂浓度 N_p。

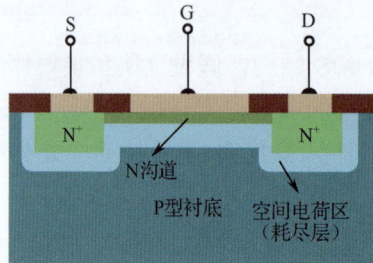

图 12.7　N 沟道 MOSFET 的结构示意图

当在栅极上施加不同电压时，一个典型 MOSFET 的输出特性曲线如图 12.8 所示。

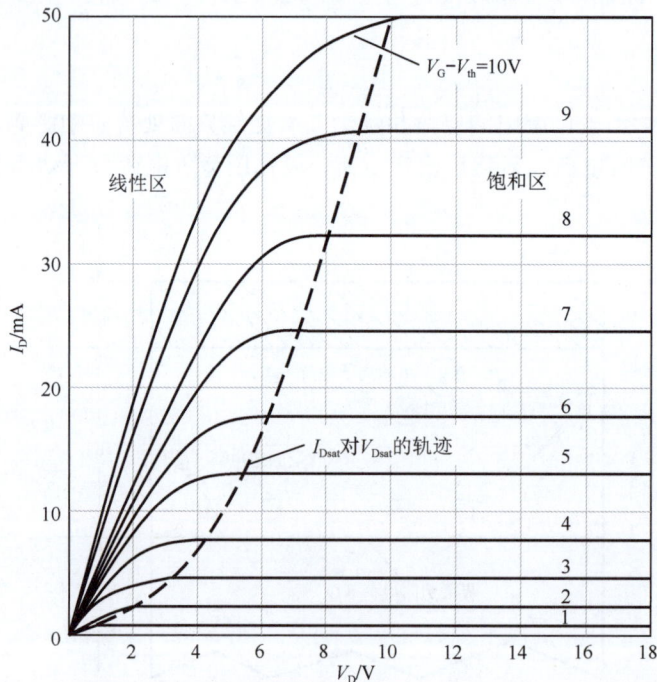

图 12.8　MOSFET 的输出特性曲线

当栅极电压小于阈值电压时，MOSFET 处于截止状态，沟道电流为零。如图 12.9（a）所示，若栅极电压大于阈值电压，则形成反型层，沟道有电流通过。若漏极电压较小，沟道的作用就如同电阻一般，MOSFET 工作在线性区。

由于沟道上存在电压降，使栅极绝缘层上的有效电压降从源极到漏极逐渐减小，降落在栅极下各处绝缘层上的电压不相等，反型层厚度不相等，因而导电沟道中各处的电子浓度不相等。当漏极电压持续增加，直到漏极绝缘层上的有效电压降低于表面强反型所需的阈值电压 V_{th} 时，在靠近漏极处的反型层厚度将趋近于零，此处称为夹断点 P，如图 12.9（b）所示。此时的漏-源电压称为饱和电压 V_{Dsat}。沟道被夹断后，若栅极电压不变，则当漏极电压持续增加时，超过夹断点电压 V_{Dsat} 的那部分即 $V_D - V_{Dsat}$ 将降落在漏极附近的夹断区上，因而夹断区将随 V_D 的增大而展宽，夹断点 P 随之向源移动，如图 12.9（c）所示。由于夹断点的电压保持为 V_{Dsat} 不变，反型层内电场增强而同时反型层载流子数减少，二者共同作用的结果是单位时间流到 P 点的载流子数不变，即电流不变。一旦载流子漂移到 P 点，将立即被夹断区的强电场"扫"入漏区，形成漏源电流，而且该电流不随 V_D 的增大而变化，即达到饱和。此时 MOSFET 工作在饱和区。

基于缓变沟道理论，可以推导出 MOSFET 的电流与电压表达式为

$$I_D = \frac{Z\mu C_{ox}}{2L}[2(V_G - V_{th})V_D - V_D^2] \tag{12.6}$$

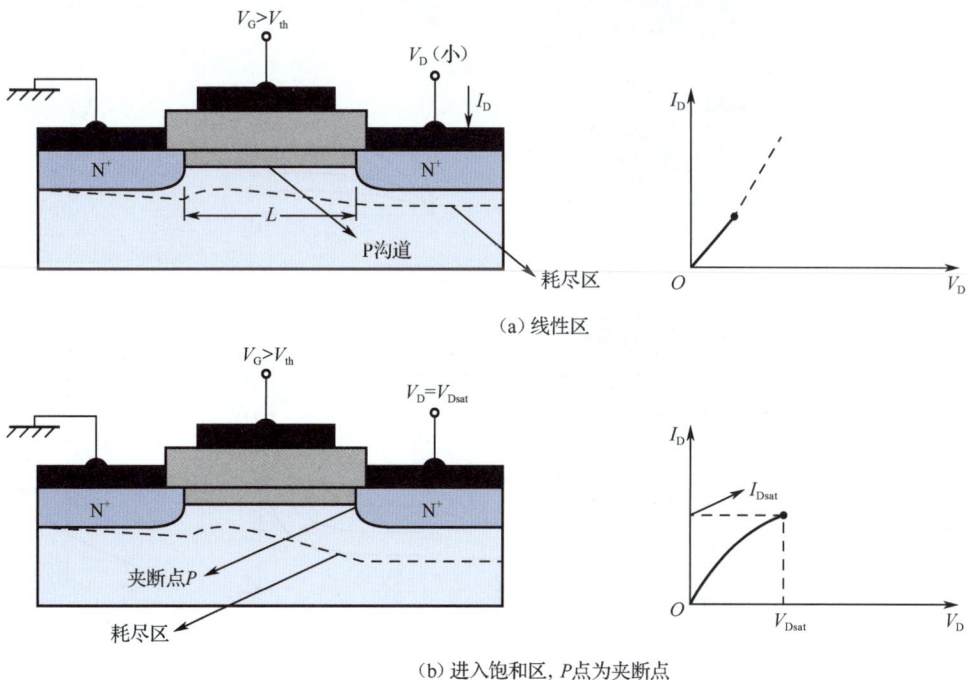

（a）线性区

（b）进入饱和区，P 点为夹断点

图 12.9 不同漏极电压下 MOSFET 内部的导电通道示意图

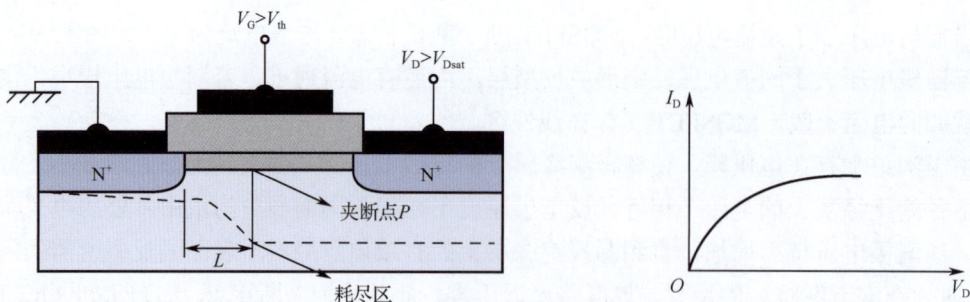

（c）饱和区

图 12.9　不同漏极电压下 MOSFET 内部的导电通道示意图（续）

MOSFET 根据衬底的类型、沟道掺杂浓度可以分为 N 沟道和 P 沟道、增强型和耗尽型。表 12.1 列出了不同类型 MOSFET 的结构剖面图和特性曲线。

表 12.1　不同类型 MOSFET 的结构剖面图和特性曲线

类　型	剖　面　图	输　出　特　性	转　移　特　性
N 沟道增强型（常闭）			
N 沟道耗尽型（常开）			
P 沟道增强型（常闭）			
P 沟道增强型（常开）			

10. 先进 MOSFET 结构

迄今为止，MOSFET 技术仍然是数字集成电路的核心。缩小 MOSFET 的特征尺寸可以提升芯片上的器件集成度，同时缩短开关时间并降低功耗。然而，器件微小化也带来了很多非理想特性，例如短沟道 MOSFET 的亚阈值导电效应、沟道长度调制效应、漏致势垒降低效应和载流子速度饱和等。

为了应对这些挑战，器件制备技术必须持续进步。随着集成电路制造技术的特征尺寸缩小到 22nm，短沟道效应越发凸显，通过提高沟道掺杂浓度、降低源漏结深和缩小栅氧化层厚度等传统技术来改善平面型晶体管的短沟道效应已经遇到了瓶颈。尽管提高器件沟道掺杂浓度可以在一定程度上抑制短沟道效应，但会增大库伦散射，导致载流子迁移率下降和器件开关速度降低，这与持续缩小器件特征尺寸的原因相互矛盾。

在此背景下，加州大学的胡正明教授带领一个研究小组研究 CMOS 工艺技术如何拓展到 25nm 领域。他们在三维的 MOS 与双栅 MOSFET 结构的基础上进一步提出了自对准的 MOSFET 结构，因为该结构的形状类似鱼鳍，所以被称为 FinFET。1998 年，胡正明及其团队成员成功制造出第一个 N 型 FinFET，它的栅长度只有 17nm，沟道宽度为 20nm，鳍（Fin）的高度为 50nm。1999 年，他们制造出了第一个 P 型 FinFET，它的栅长度只有 18nm，沟道宽度为 15nm，鳍（Fin）的高度为 50nm。图 12.10 是 Intel 在 2011 年制造的 22nm FinFET 的照片。

胡正明及其团队成员在发明 FinFET 的同时也提出了 UTB-SOI（Ultra-Thin Body Silicon-On-Insulator）的概念（见图 12.11）。UTB-SOI 技术的核心在于其超薄硅膜与绝缘层的设计。在这种结构中，采用了 SOI 晶圆作为衬底。UTB-SOI 的特别之处在于其硅膜的厚度被严格控制得非常薄，通常在几纳米至十几纳米的范围内。UTB-SOI 技术具有显著的功耗优势，漏电流小，且因为硅膜与衬底之间被绝缘层隔离而寄生电容较低。和三维 FinFET 不同，UTB-SOI 是平面型器件，具有良好的平面工艺兼容性。但它在制造过程中要特别注意 ESD 保护，制造难度相对较高。

图 12.10 Intel 制造的 22nm FinFET 的照片

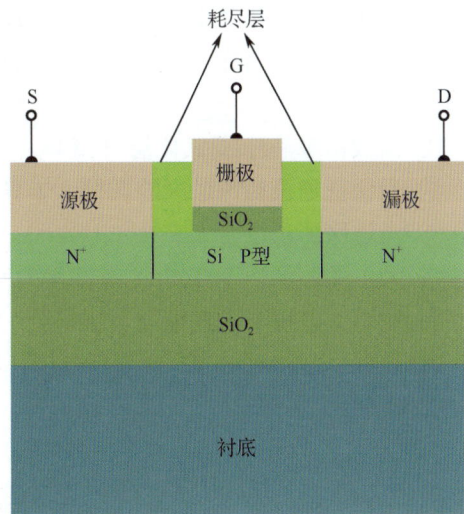

图 12.11 UTB-SOI 的结构示意图

12.3 实验内容

MOSFET 的制作工艺流程是微电子工艺课程所需要学习的重点成套工艺流程之一。本次实验的内容是完成 MOSFET 的成套工艺流程和工艺参数的设计。

以一个 N 沟道 MOSFET 为例，如图 12.12 所示给出其制作工艺流程，以供参考。

前道工序：

（1）在 P 型衬底上生长外延层制作 P 阱；

（2）制作栅氧化层和栅极；

（3）制作侧墙；

（4）掺杂注入形成源极和漏极。

后道工序：

（5）制作源、漏金属电极。

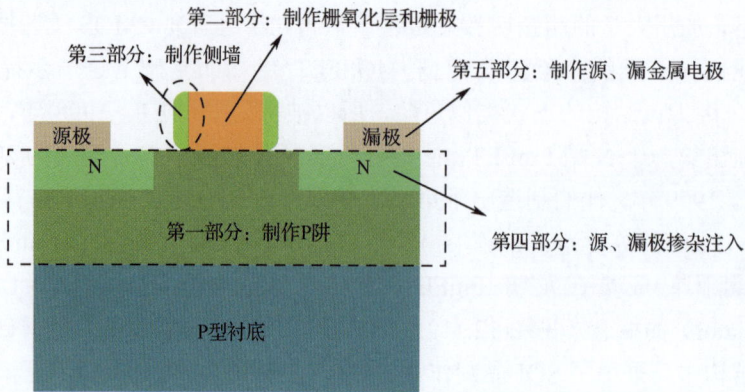

图 12.12　N 沟道 MOSFET 制作工艺流程示意图

MOSFET 工艺制作过程中需要注意的事项（见图 12.13）有：

① 栅极位于源极和漏极中间；

② 势阱区的杂质类型和源、漏区相反；

③ 为了减小欧姆接触电阻，源极和漏极下方的半导体区要进行重掺杂，以形成金属-硅化物；

④ 栅极由多晶硅/栅氧化层/半导体衬底组成；

⑤ 为保证栅极对沟道区的调控，半导体内部的源、漏区需延伸到栅氧化层下方；

⑥ 沟道区的长度要大于 0；

⑦ 为了能够保证 MOSFET 有较好的性能，栅氧化层厚度应该在 5nm 左右；

⑧ 侧墙工艺可形成轻掺杂 LDD 区，从而减小电场强度，改善热载流子效应，控制寄生电容的影响，增大 MOSFET 的阻断电压。墙是利用各向异性干法刻蚀的回刻形成的，不需要额外的掩膜版。

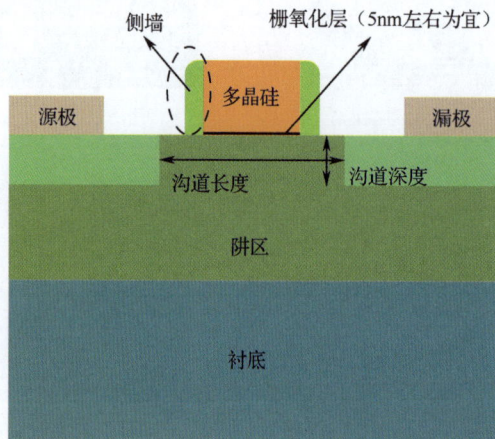

图 12.13　N 沟道 MOSFET 结构示意图

12.4　主要仪器设备

此部分内容可参照实验 1 的 1.4 节。

12.5　操作方法与实验步骤

12.5.1　基础准备工作

此部分内容可参照实验 1 的 1.5.1 节。

12.5.2　实验过程及提示

根据已经学到的知识和 MOSFET 成套工艺流程的提示，读者可自行设计并完成 MOSFET 的成套工艺流程。

一些常用功能可参考实验 2 的 2.5.2 节。

1．基础仿真设置和衬底设置

下面给出一种设计方法，以供参考。如图 12.14 所示，MOSFET 用硅材料制作，其衬底尺寸为 1μm×1μm，多晶硅栅的位置在 0.4～0.6μm 之间。

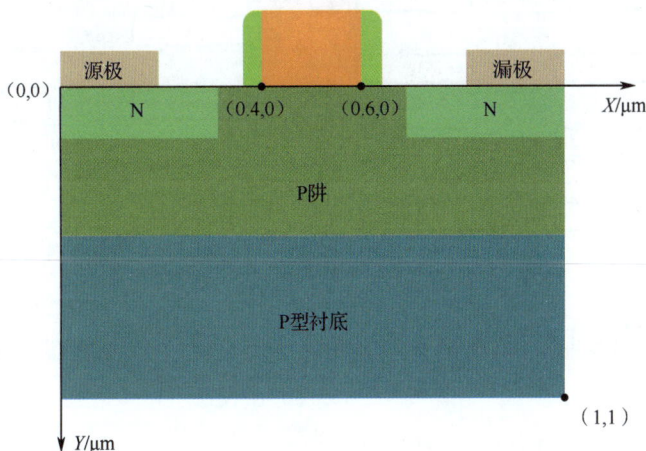

图 12.14　N 沟道 MOSFET 的参考结构尺寸图

当设置网格时，可依据如下原则。

X 轴：需要在 0.4μm 和 0.6μm 附近增加仿真点数从而提高仿真精度，在其他区域适当降低仿真点数从而获得更快的仿真速度。

Y 轴：需要在衬底表面（$y=0$）增加仿真点数从而提高仿真精度，在远离衬底表面的区域适当降低仿真点数从而获得更快的仿真速度。

网格设置可参考图 12.15 和图 12.16。

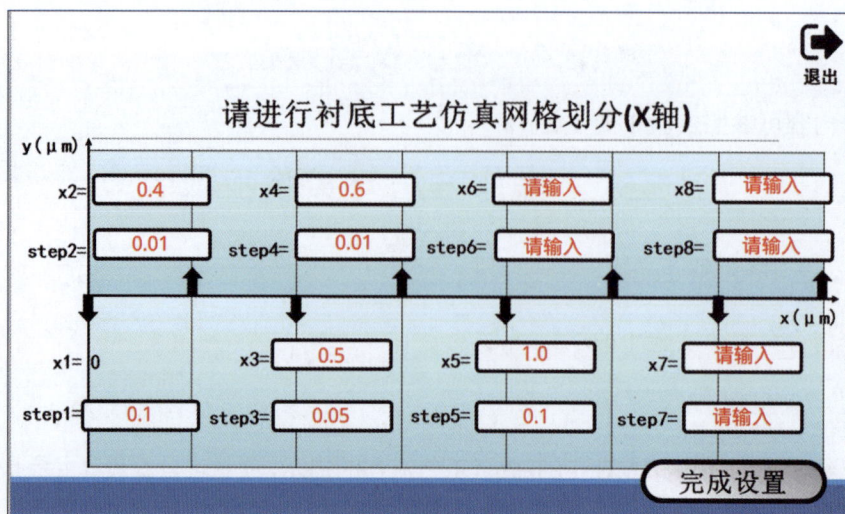

图 12.15 X 轴的网格设置

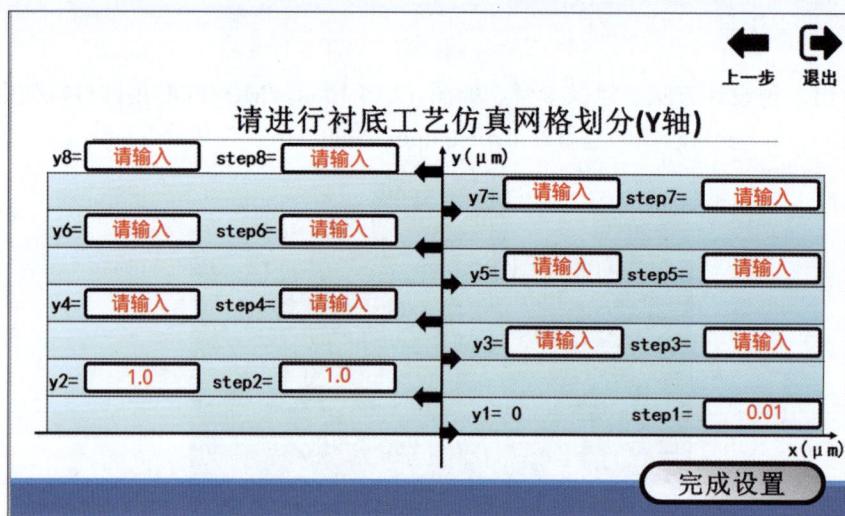

图 12.16 Y 轴的网格设置

其他的衬底设置均为常规设置，具体设置如下。

① 工艺网格稠密度：5 度。

② 衬底材料：硅。

③ 初始掺杂杂质：硼。

④ 初始掺杂浓度：$1 \times 10^{13} \mathrm{cm}^{-3}$。

⑤ 衬底晶向：<100>。

2. 实验思路

N 沟道 MOSFET 结构的制作步骤可以参考之前的实验内容，依次制作 P 阱，制作栅氧化层和栅极，制作侧墙，源漏掺杂注入，制作源漏金属电极。

3. 关于实验过程的提示

此处给出部分提示，供实验参考。

P阱的制作有两个步骤：离子注入和退火。表12.2是离子注入的参考工艺参数。

表 12.2　离子注入参数

离子种类	注入剂量	注入能量	注入角度
P型硼离子	$1×10^{13}cm^{-2}$	50keV	0°

注入结果如图12.17所示。

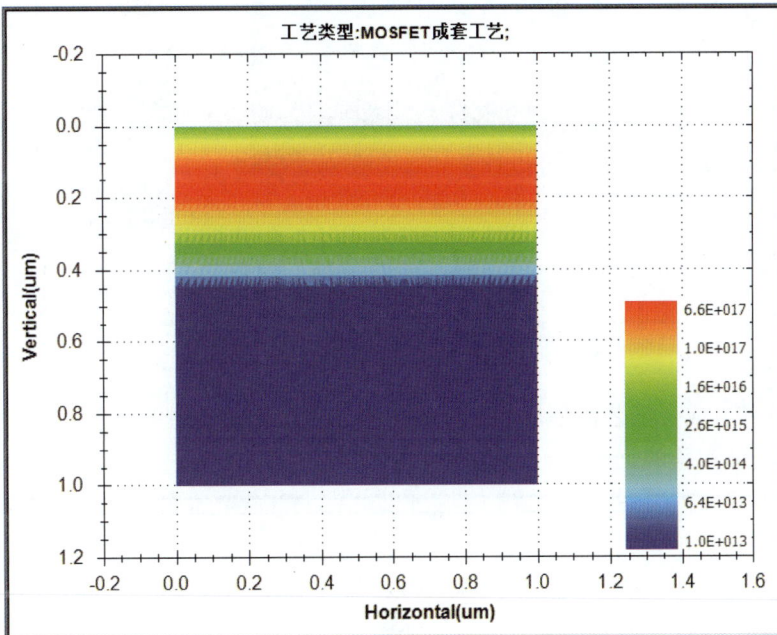

图 12.17　P阱制作中离子注入之后硼离子掺杂浓度图

提示 1：如果首次尝试的离子注入参数达不到想要的效果，可以通过数据回溯功能恢复到离子注入前的结果，重新设置相关离子注入参数，循环往复进行调试，最终获得想要的掺杂效果。具体操作可参考实验1的1.5.3节。

提示 2：除了查看硼离子掺杂浓度图，还可以利用数据提取功能获取一维数据，以更加详细地分析相关结果。具体操作可参考实验1的1.5.3节。

提示 3：如果一次实验不能完成全部MOSFET制作工艺流程，可以单击"配置输出"按钮将实验结果保存，并在下次实验中，单击"工艺与联动配置"按钮将保存的实验结果导出，然后继续完成后续实验。具体操作可参考实验1的1.5.3节。

4. 实验结果

此处提供一种实验结果作为参考。

完成全部前道工序（第一部分至第四部分）后的电势分布图如图12.18所示。可以看到，电势分布正常，源、漏极为正电势，沟道区为负电势，其他区域电势约为 0，满足 MOSFET 的电学特性要求。

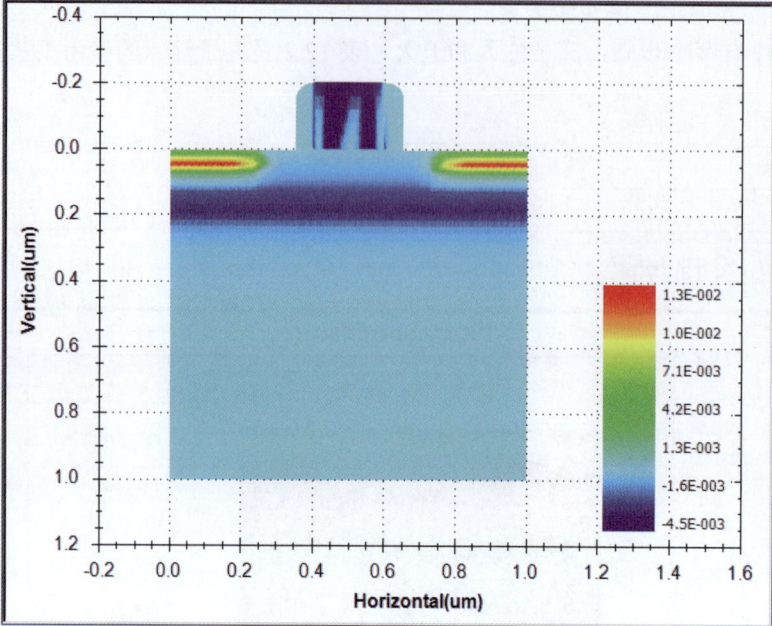

图 12.18　MOSFET 前道工序完成后的电势分布图

完成 MOSFET 成套工艺流程后的结构和电势分布图如图 12.19 所示。实验中可以对照参考实验结果来验证实验的正确性。

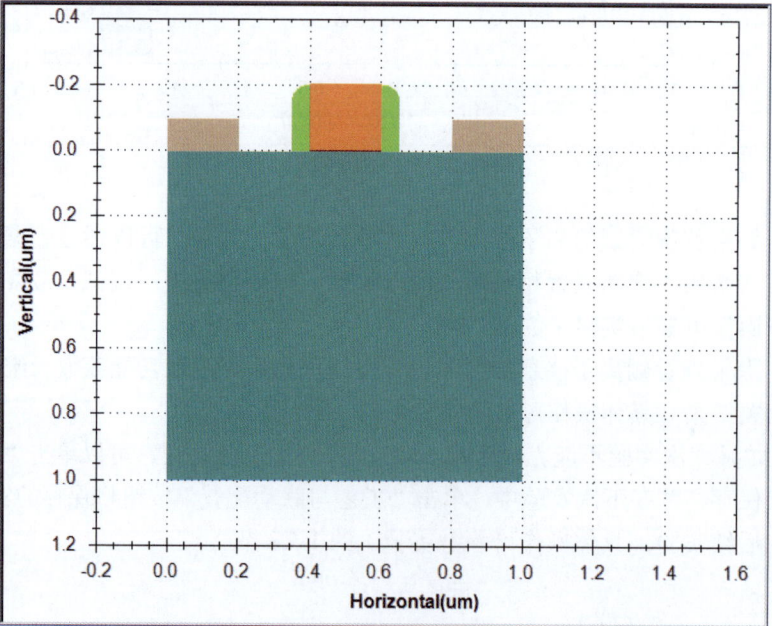

（a）结构示意图

图 12.19　完成 MOSFET 成套工艺流程后的结构和电势分布图

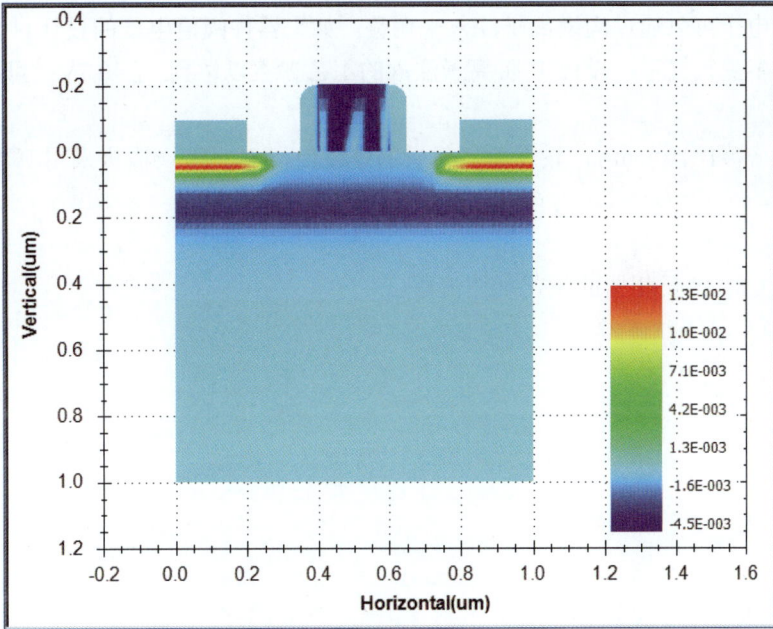

（b）电势分布图

图 12.19 完成 MOSFET 成套工艺流程后的结构和电势分布图（续）

12.6 实验结果分析

（1）列表说明制作 MOSFET 的工艺步骤和工艺参数，并把每一步的实验结果截图显示。

（2）根据 MOSFET 的工艺结果分析 MOSFET 各区域的极性。

（3）从 MOSFET 的工艺结果抽取沟道长度。

（4）从 MOSFET 的工艺结果估算 MOSFET 的沟道深度（定义见图 12.14）。

（5）画出栅氧化层下方 100nm 处的一维掺杂浓度图。

（6）从 MOSFET 的工艺结果估算 MOSFET 的氧化层厚度，并计算比电容值 C_{ox}。

（7）栅电极采用多晶硅制作。为了减小栅极材料的电阻率，对多晶硅栅采用重掺杂。从 MOSFET 的工艺结果分析多晶硅栅的杂质种类和掺杂浓度。

12.7 思考题

（1）描述 MOS 电容中反型层电荷的产生过程。

（2）分析形成反型层时空间电荷区宽度达到最大值的原因。

（3）根据制作的器件结构参数估算 MOSFET 的最大耗尽层宽度。

提示：$W_{\text{M}} = \sqrt{\dfrac{4\epsilon_{\text{S}}kT}{q^2 N_{\text{A}}}\ln\left(\dfrac{N_{\text{A}}}{n_{\text{i}}}\right)}$

（4）根据制作的器件结构参数估算 MOSFET 的金属–半导体功函数差 $\varPhi_{\text{MS}}$。

提示：多晶硅要采用重掺杂，可以根据沟道掺杂浓度 N_{B} 读图估算（见图 12.6）。

（5）估算制作的 MOSFET 的阈值电压，并判断是增强型还是耗尽型 MOSFET。

提示：结合上一题的结果，用式（12.5）估算。

（6）阈值电压可以通过沟道离子注入来调整。如果器件阈值电压的设计目标为 0.7V，沟道掺杂浓度为多少？提示：设计 P 阱离子注入的工艺参数以达到 V_{th}=0.7V，可以采用多次离子注入来完成。

（7）假设 N_A=1×10^{16}cm^{-3}，设计栅氧化层的厚度使得 V_{th}=1V（栅极采用 P$^+$型多晶硅）。

12.8　拓展实验

设计一个 CMOS 反相器的工艺制作流程。

参 考 文 献

[1] D A NEAMEN. 半导体器件导论. 谢生，译. 北京：电子工业出版社，2015.

[2] B J BALIGA. Fundamentals of Power Semiconductor Devices. 2nd ed. Springer International Publishing, 2019.

[3] S M SZE, K K NG. Physics of Semiconductor Devices. Wiley Interscience, 2007.

[4] 胡正明. 现代集成电路半导体器件. 北京：电子工业出版社，2012.

[5] 温德通. 集成电路制造工艺与工程应用. 北京：机械工业出版社，2018.

[6] 王阳元. 集成电路产业全书. 北京：电子工业出版社，2018.

[7] M QUIRK，J SERDA. 半导体制造技术. 韩郑生，译. 北京：电子工业出版社，2009.

[8] P V Zant. 芯片制造——半导体工艺制程使用教程. 6 版. 韩郑生，译. 北京：电子工业出版社，2015.

[9] 王蔚，田丽，任明远. 集成电路制造技术：原理与工艺. 北京：电子工业出版社，2016.

[10] 杜中一. 半导体芯片制造技术. 北京：电子工业出版社，2012.

[11] J A DAVIS，J D MEINDL. 吉规模集成电路互连工艺及设计. 骆祖莹，叶佐昌，吕勇强，等译. 北京：机械工业出版社，2010.

[12] 佐藤淳一. 图解入门：半导体制造设备基础与构造精讲. 卢涛，译. 北京：机械工业出版社，2022.

[13] J D MEINDL. Silicon Epitaxy and Oxidation. Process and Device Modeling for Integrated Circuit Design, Noorhoff, Leyden, 1977.

反侵权盗版声明

电子工业出版社依法对本作品享有专有出版权。任何未经权利人书面许可，复制、销售或通过信息网络传播本作品的行为；歪曲、篡改、剽窃本作品的行为，均违反《中华人民共和国著作权法》，其行为人应承担相应的民事责任和行政责任，构成犯罪的，将被依法追究刑事责任。

为了维护市场秩序，保护权利人的合法权益，我社将依法查处和打击侵权盗版的单位和个人。欢迎社会各界人士积极举报侵权盗版行为，本社将奖励举报有功人员，并保证举报人的信息不被泄露。

举报电话：（010）88254396；（010）88258888

传　　真：（010）88254397

E-mail:　dbqq@phei.com.cn

通信地址：北京市万寿路 173 信箱

　　　　　电子工业出版社总编办公室

邮　　编：100036